中等职业教育改革与创新规划教材

焊工识图习题集

主　编　胡建生
副主编　段　旭
参　编　郄恒昌　王长喜
主　审　杨　力

机 械 工 业 出 版 社

本习题集与中等职业教育改革与创新规划教材《焊工识图》（胡建生主编）配套使用。习题集与主教材体系完全一致，注重训练学生识图和绘制草图的技能，题型新颖并富有启发性。本习题集配套制作了电子版标准答案，由出版社免费提供给任课教师使用，电子版标准答案将习题答案链接在配套教材多媒体课件的相应章节中，以便于教师在课堂上讲解。选择本习题集作为教材的教师，可登录 www.cmpedu.com 注册、免费下载，或通过 QQ（982557826）索取。

本书适合作为中等职业学校、技工院校焊接专业制图课程教材，也可作为焊工培训、成人教育及工程技术人员参考用书。

图书在版编目(CIP)数据

焊工识图习题集/胡建生主编. —北京：机械工业出版社，2012.10（2017.1 重印）
中等职业教育改革与创新规划教材
ISBN 978-7-111-40042-4

Ⅰ.①焊… Ⅱ.①胡… Ⅲ.①焊接-工程制图-识别-中等专业学校-习题集 Ⅳ.①TG4-44

中国版本图书馆 CIP 数据核字（2012）第 246160 号

机械工业出版社(北京市百万庄大街 22 号 邮政编码 100037)
策划编辑：齐志刚 责任编辑：张云鹏 版式设计：霍永明
责任校对：卢惠英 封面设计：鞠 杨 责任印制：常天培
北京圣夫亚美印刷有限公司印刷
2017 年 1 月第 1 版第 3 次印刷
260mm×184mm ·9.5 印张·236 千字
4501—6400 册
标准书号：ISBN 978-7-111-40042-4
定价：21.00 元

凡购本书，如有缺页、倒页、脱页，由本社发行部调换

电话服务
服务咨询热线：010-88379833
读者购书热线：010-88379649

网络服务
机 工 官 网：www.cmpbook.com
机 工 官 博：weibo.com/cmp1952
教育服务网：www.cmpedu.com
金 书 网：www.golden-book.com

前　言

为贯彻《国务院关于大力发展职业教育的决定》精神，落实《教育部关于进一步深化中等职业教育教学改革的若干意见》关于“加强中等职业教育教材建设，保证教学资源基本质量”的要求，机械工业出版社依托全国机械职业教育教学指导委员会材料类专业教学指导委员会，组织了焊接专业的行业专家、骨干教师、企业代表，对中等职业学校焊接专业课程、教材体系、教学内容、教学方法等进行了深入的研讨，确定了适合中等职业学校焊接专业教学改革需要的创新教材体系和模式，编写了本套教材。

本书是为进一步深化职业教育教学改革，提高职业教育质量和技能型人才培养水平，结合中等职业教育课程改革创新精神和焊接技术应用专业特点与需求，以教育部2009年颁布的《中等职业学校机械制图教学大纲》为依据而编写的。

本习题集是中等职业教育改革与创新教材《焊工识图》（胡建生主编）的配套习题集。本习题集各章内容与主教材一一对应。题目设计由浅入深，难易程度适中。题型包括单项选择题、根据两视图补画第三视图、补漏线、改画错误图例、阅读图样回答问题等多种方式。考虑到中职生的实际状况和教学需求，为体现中等职业教育新的教育理念，促进教学模式改革创新，本习题集重点突出识图能力的培养。学生通过大量的识图训练，最终掌握识读典型焊接结构装配图的基本方法，为进一步学习专业课和进行生产实训奠定坚实的基础。

本习题集中涉及的图例，全部按最新的国家标准（截至2012年8月）绘制。习题集中所有图形，全部采用计算机绘制和润饰，大大提高了习题图形的准确性和清晰度。

本习题集由胡建生教授主编并统稿，杨力主审。编写人员及分工如下：胡建生（第一章、第二章、第三章），段旭（第七章、第八章），郄恒昌（第五章、第九章），王长喜（第四章、第六章）。

由于编者水平所限，习题集中难免有错漏之处，欢迎广大读者批评指正。

编　者

目　　录

第一章　制图的基本知识和技能

1-1　回答下列问题

1. 将 A0 幅面的图纸裁切三次，应得到（　　）张图纸？其幅面代号为（　　）。

2. 要获得 A4 幅面的图纸，需将 A0 幅面的图纸裁切（　　）次，可得到（　　）张图纸。

3. 用放大一倍的比例绘图，在标题栏比例项中应填（　　）。

4. 1:2 是放大比例还是缩小比例？（　　）。

5. 若采用 1:5 的比例绘制一个直径为 40mm 的圆时，其绘图直径为（　　）。

6. 国家标准规定，图样中汉字应写成（　　）体，汉字字宽约为字高 h 的（　　）倍。

7. 字体的号数，即字体的（　　）。4 号是国家标准规定的字高吗？（　　）。

8. 可见轮廓线用（　　）表示；不可见轮廓线用（　　）表示。

9. 在机械图样中，粗线和细线的线宽比例为（　　）。

10. 图样上标注的尺寸，一般由哪几部分组成？（　　　　　　　　）。

11. 图样中的尺寸一般以（　　）为单位时，不需标注其计量单位符号。

12. 零件的真实大小应以图样上（　　）为依据，与图形的大小及绘图的准确度有关吗？（　　）

13. 标注直径时，应在尺寸数字前加注“R”还是“ϕ”？（　　）。

14. 标注球直径时，应在尺寸数字前加注（　　）。

15. 标注半径尺寸时，（　　）必须通过圆心。

16. 圆弧和直线连接时，连接点在什么地方？（　　　　　　　　）。

17. 圆弧和圆弧连接时，连接点在什么地方？（　　　　　　　　）。

班级　　　　姓名　　　　学号　　　　成绩

1-2 把铅笔削好，在指定位置按照示范图线的样子，画出粗实线、细虚线、细点画线和细实线

粗实线

细虚线

细点画线

细实线

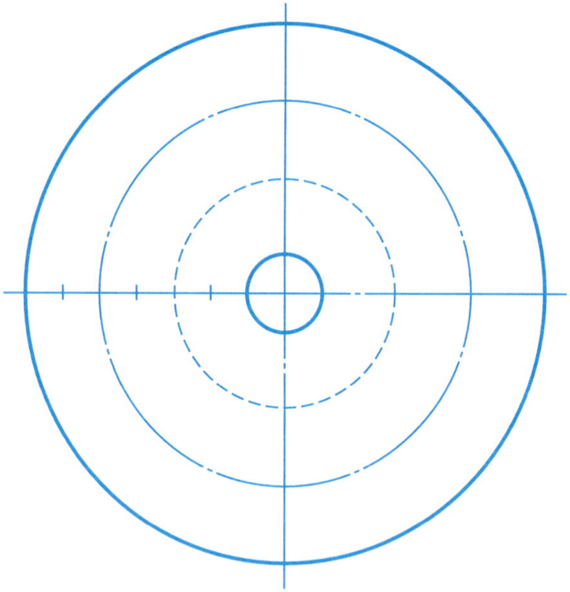

过指定点从小到大依次画出粗实线、细虚线、细点画线

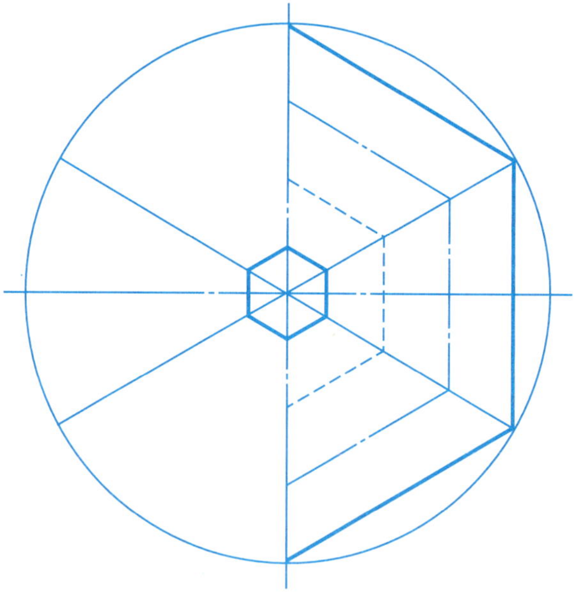

在左侧画出与右侧对称的图线

班级　　姓名　　学号　　成绩

№1　作业指导书

一、作业目的

1. 熟悉主要线型的规格，掌握图框及标题栏的画法。

2. 练习使用绘图工具。

二、内容与要求

1. 按老师指定的图例，绘制各种图线。

2. 用 A4 图纸（无装订边）竖放，不注尺寸，比例 1:1。

三、绘图步骤

1. 画底稿（用 2H 或 3H 铅笔）

1）画图框及对中符号（见主教材图 1－4b），在右下角画出“标题栏”（见主教材图 1-6）。

2）按图例中所注的尺寸，开始作图。

3）校对底稿、擦去多余的图线。

2. 铅笔加深（用 HB 或 B 铅笔）

1）依次加深粗实线圆→细虚线圆→细点画线圆。

2）先加深出水平方向的直线，再加深垂直方向的直线。

3）画 45°的斜线（细实线），斜线间隔约 3mm。

4）用长仿宋体字填写标题栏。

四、注意事项

1. 绘图前，预先考虑图例所占的面积，将其布置在图纸有效幅面（标题栏以上）的中心区域。

2. 粗实线宽度采用 0.7mm。为了保证线型符合标准，细虚线和细点画线的线段与间隔，在画底稿时，就应正确画出。

3. 细点画线的画与点要一次画出，不要画好画再加点。

五、图例（右图及下页）

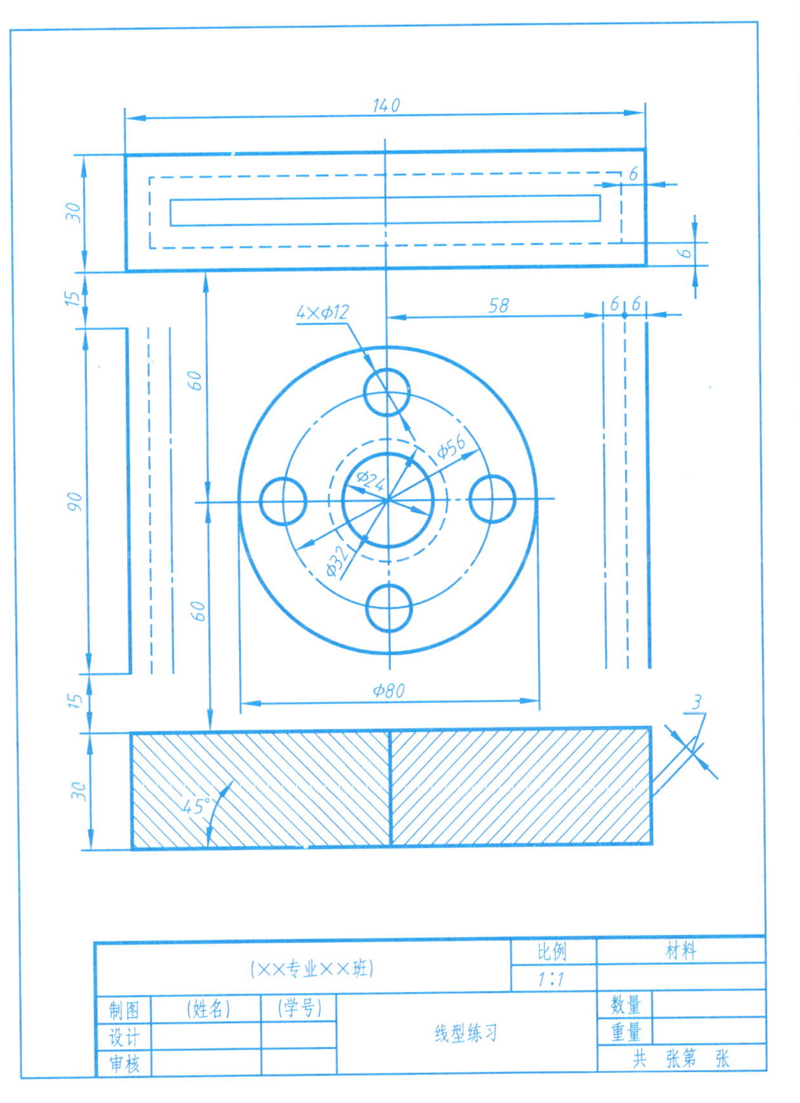

1-4 尺规绘图作业图例

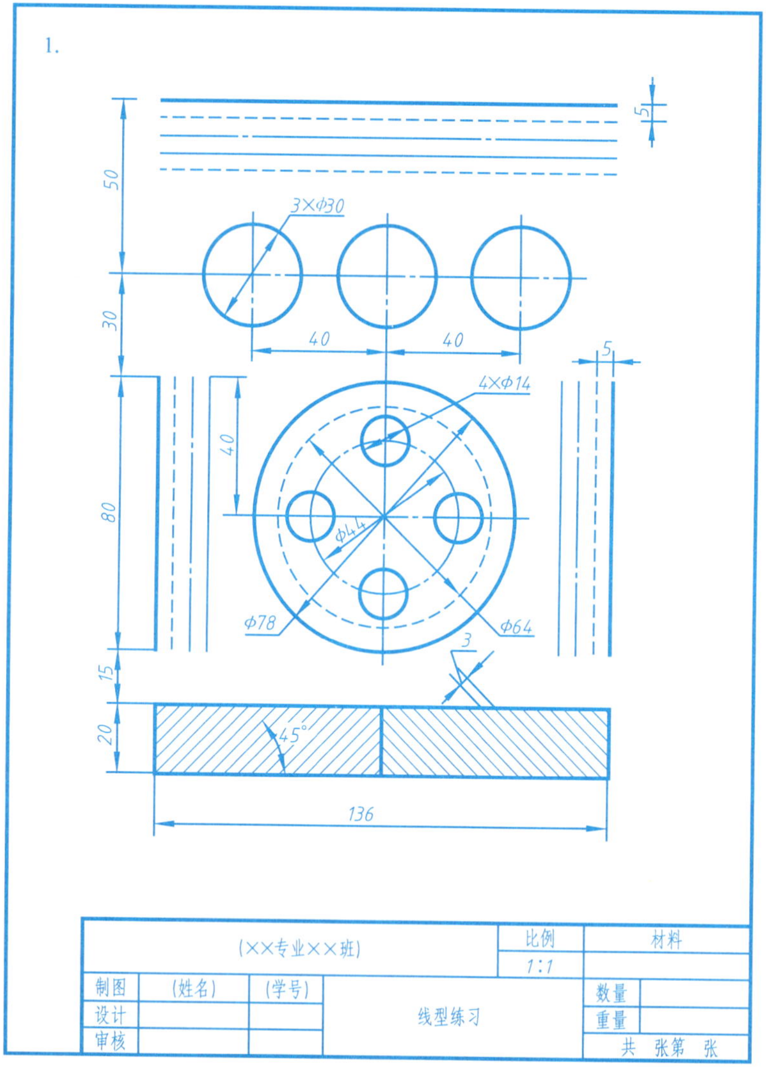

1.

5 50 30 3×Φ30 40 40 80 40 4×Φ14 Φ44 Φ78 Φ64 5 3 15 20 45° 136

(××专业××班)			比例	材料	
			1:1		
制图	(姓名)	(学号)	线型练习	数量	
设计				重量	
审核				共 张第 张	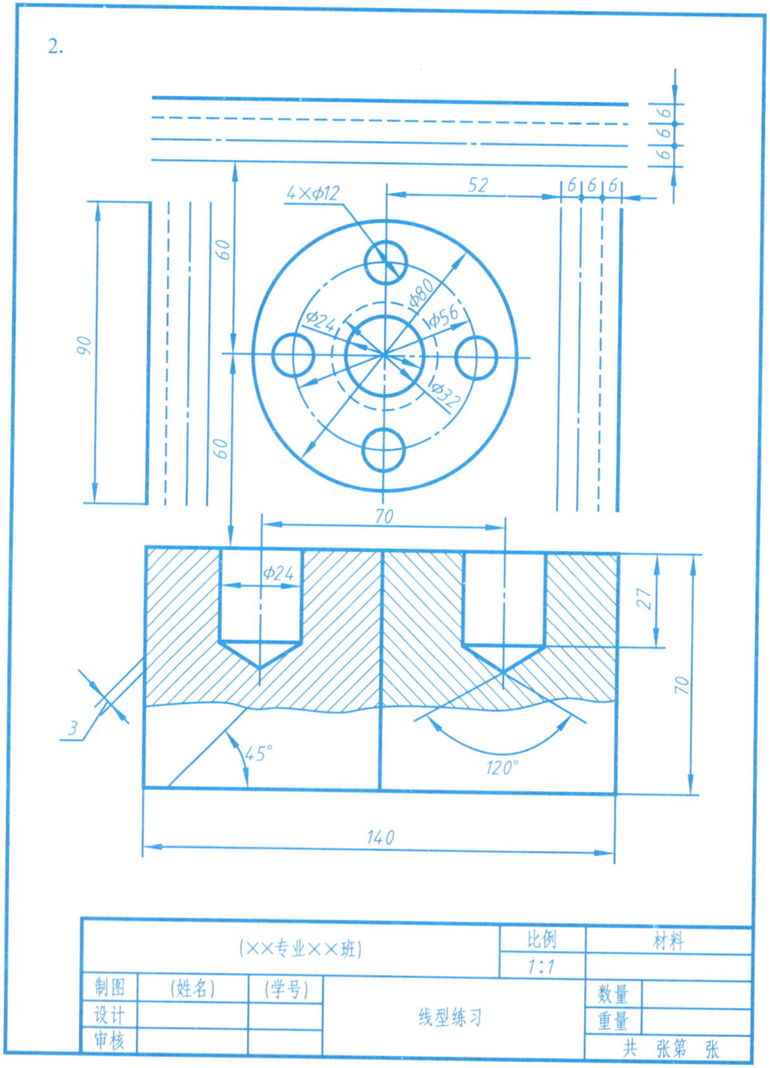

2.

6 6 6 4×Φ12 52 6 6 6 60 90 60 Φ80 Φ24 Φ56 Φ32 70 Φ24 27 70 3 45° 120° 140

(××专业××班)			比例	材料	
			1:1		
制图	(姓名)	(学号)	线型练习	数量	
设计				重量	
审核				共 张第 张	

1-5 尺寸注法练习（一）

1. 下列图形绘图比例不同，判断其尺寸标注是否正确。

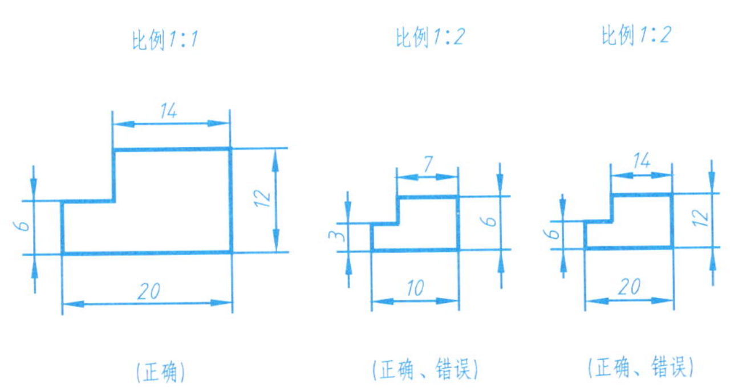

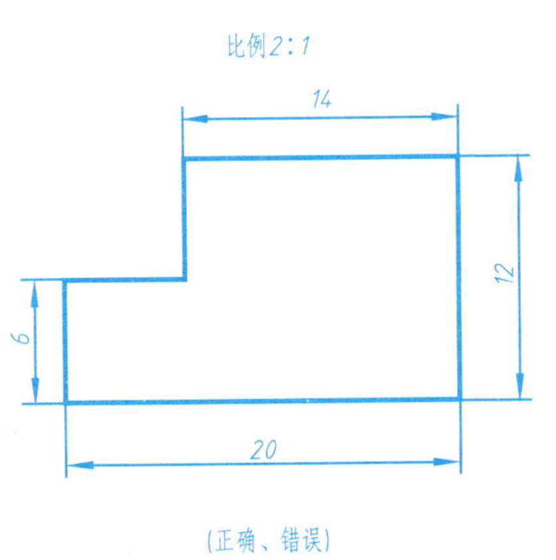

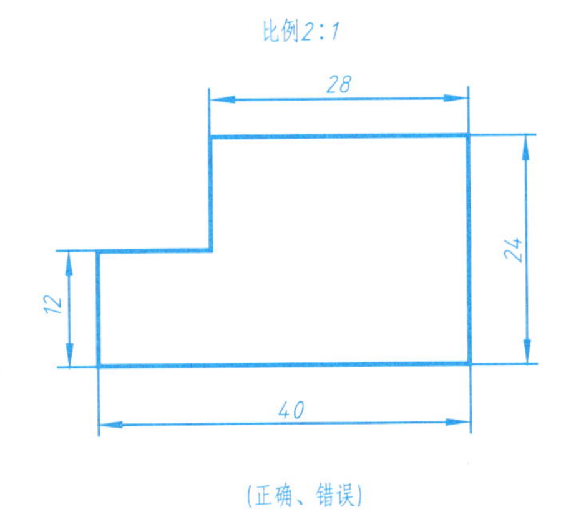

2. 下列两图哪一个是错误的？（提出错误原因）

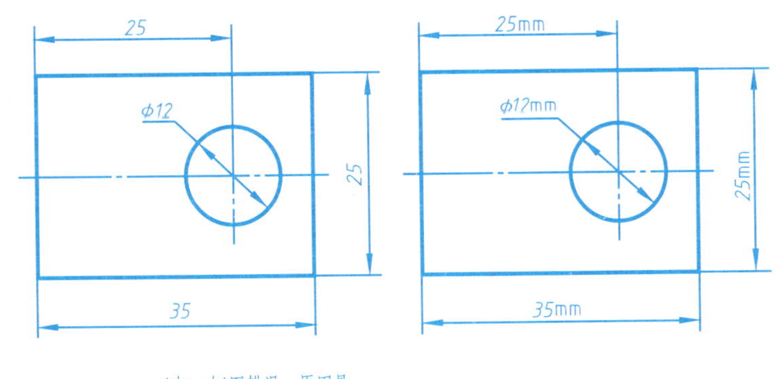

(左、右)图错误，原因是________________

3. 对比左右两图，在右图的错误之处，标出错误原因。

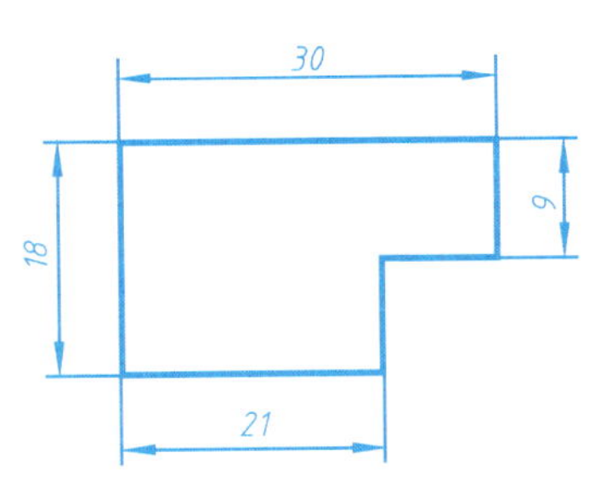

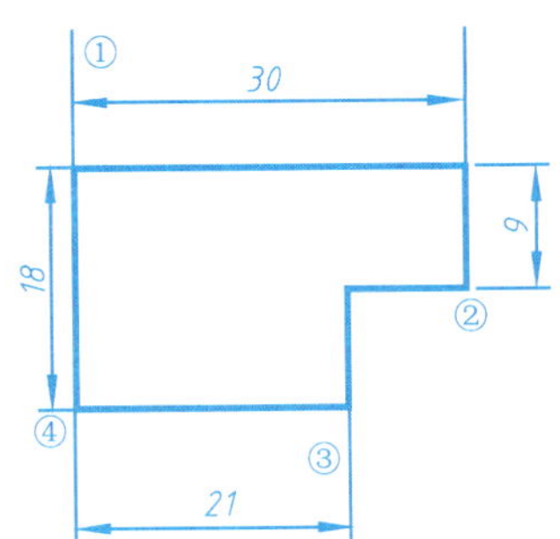

① 尺寸界线画的过长。
② 尺寸界线未与轮廓线接触。
③ 尺寸线与轮廓线距离过大。
④ 尺寸线与轮廓线距离过小。

班级　　姓名　　学号　　成绩

1-6 尺寸注法练习（二）

1. 你能找出直径标注“错误”图例中的错误之处吗？

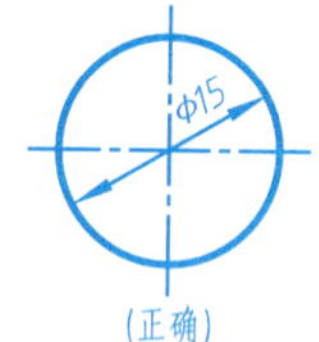

（正确）

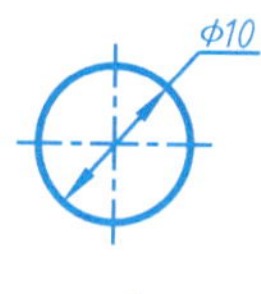

（正确）

（正确）

（错误）

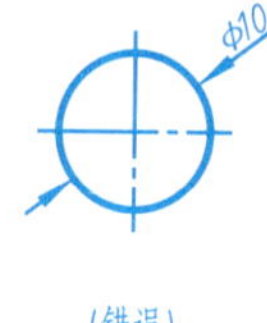

（错误）

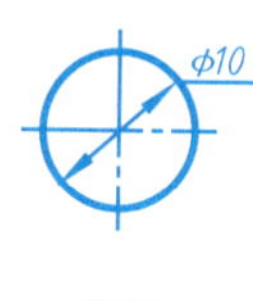

（错误） （错误）

2. 判断角度标注的正确与否。

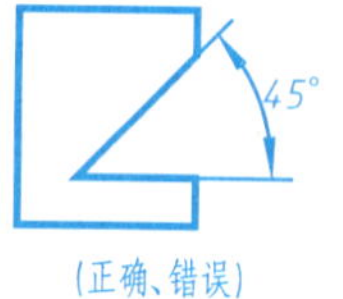

（正确、错误） （正确、错误）

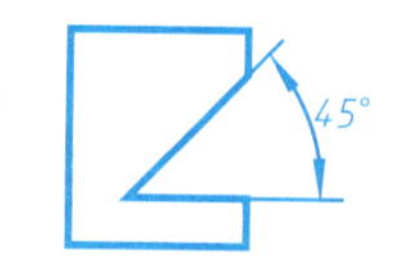

（正确、错误）

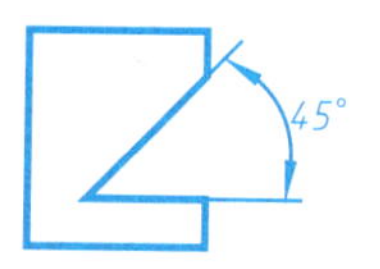

（正确、错误）

（正确、错误）

（正确、错误） （正确、错误）

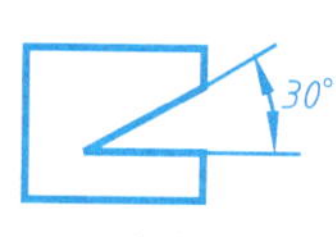

（正确、错误）

（正确、错误） （正确、错误）

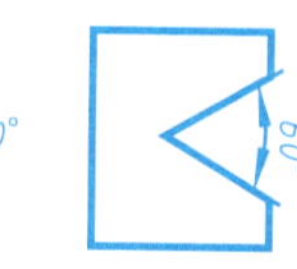

（正确、错误）

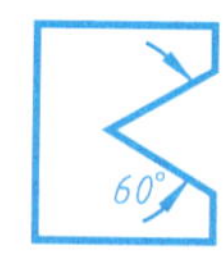

（正确、错误）

3. 你能找出半径标注“错误”图例中的错误之处吗？

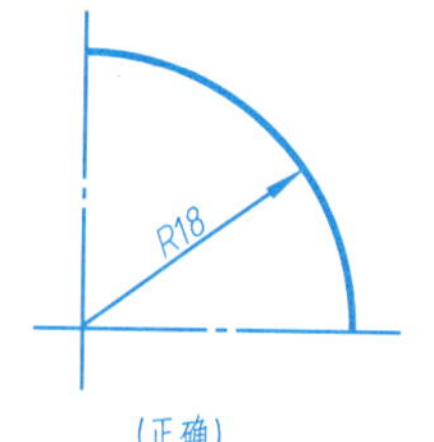

（正确）

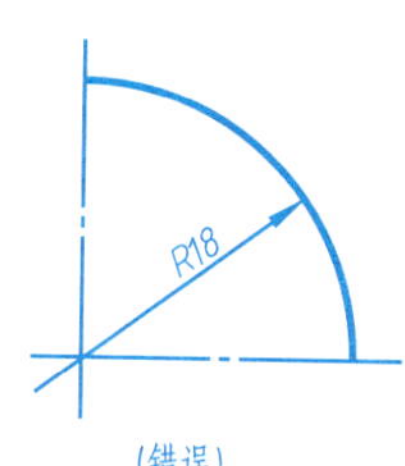

（错误）

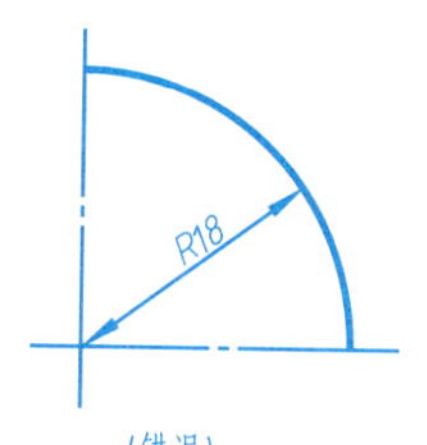

（错误）

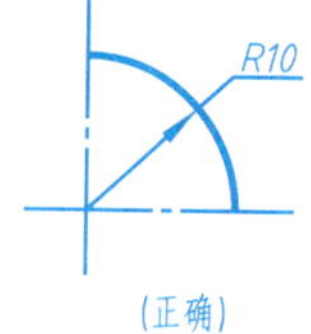

（正确）

（错误）

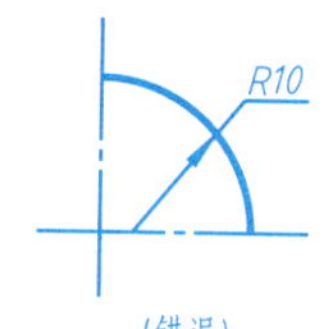

（错误）

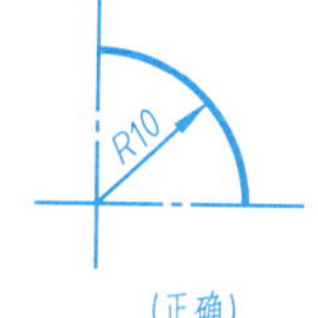

（正确）

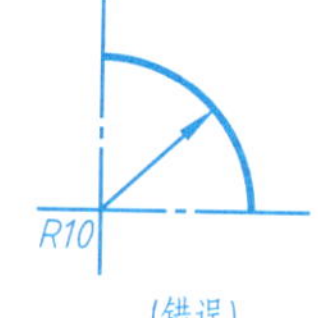

（错误）

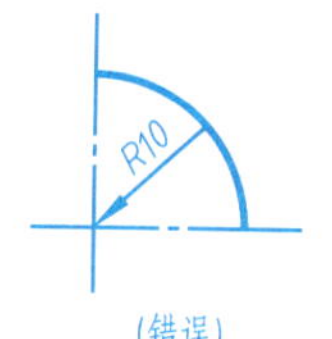

（错误）

（正确）

（错误）

（错误）

班级　　　　姓名　　　　学号　　　　成绩

1. 找出左图中的错误标注，在右图中重新标注。

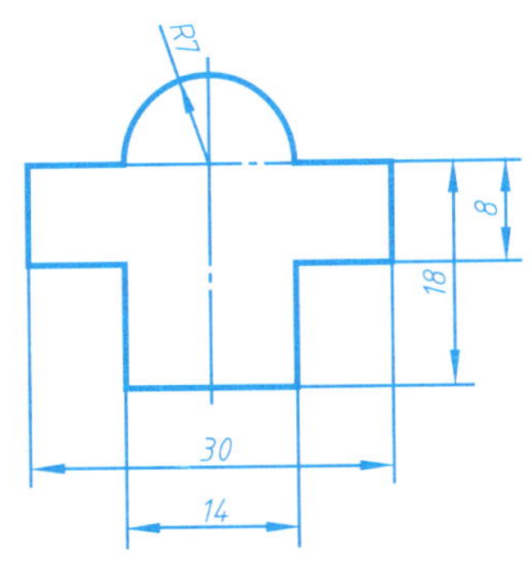

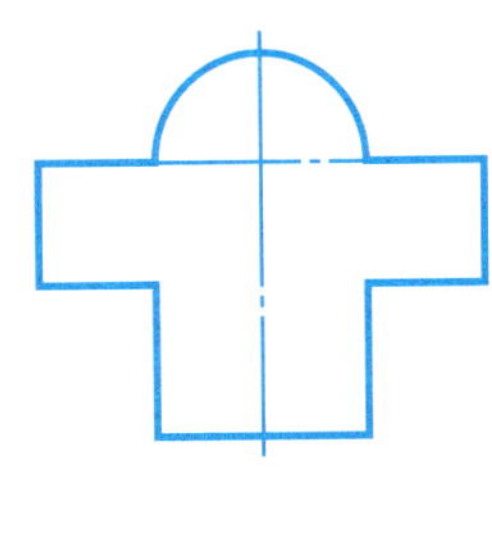

2. 找出左图中的错误标注，在右图中重新标注。

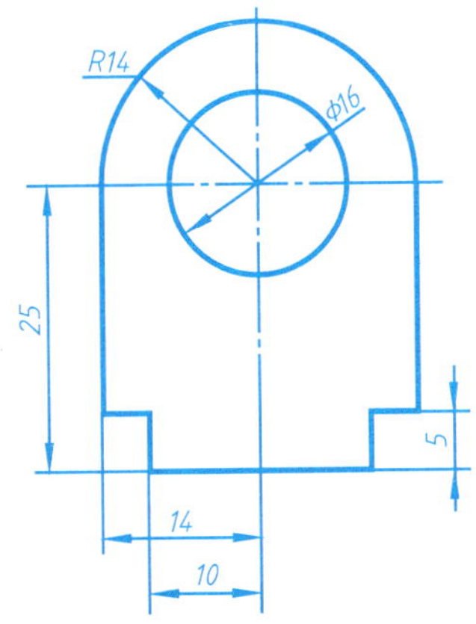

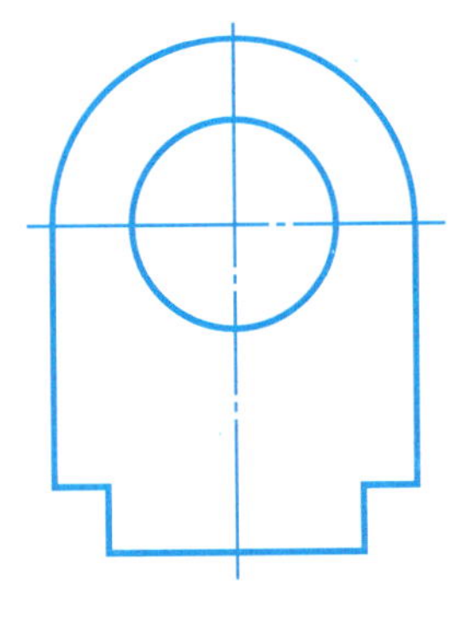

3. 找出左图中的错误标注，在右图中重新标注。

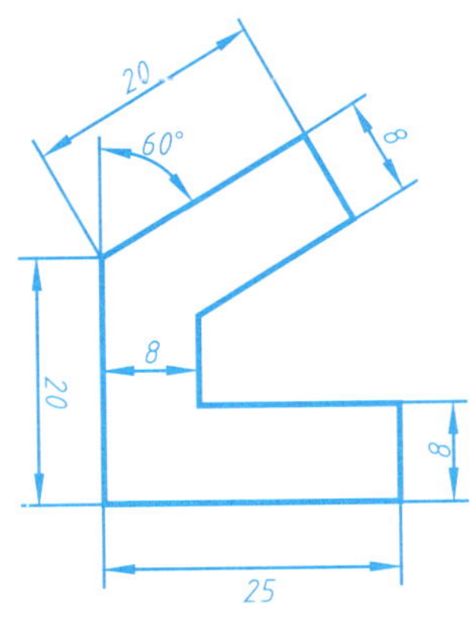

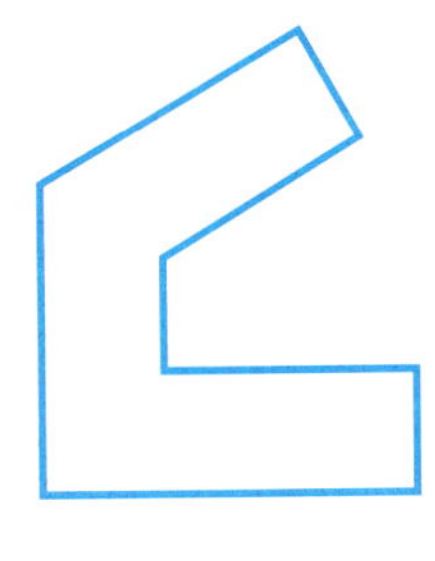

4. 找出左图中的错误标注，在右图中重新标注。

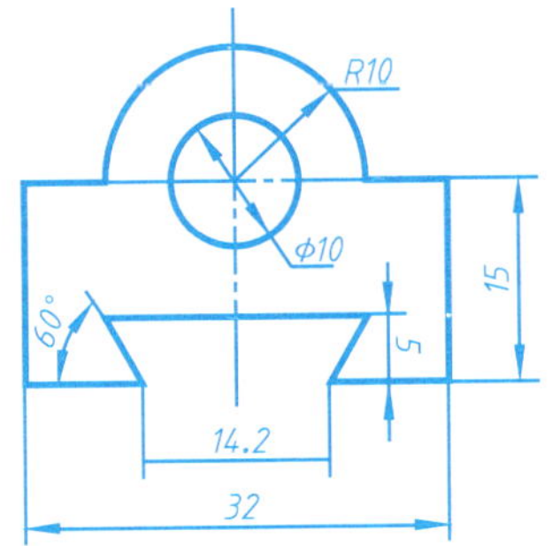

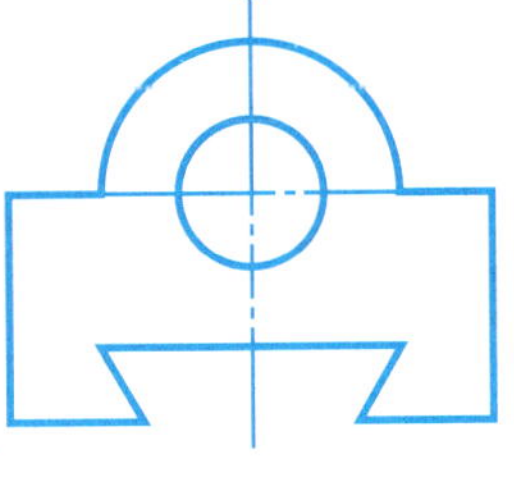

1-8 尺寸注法练习（四）

1. 标注圆的直径尺寸（按 1:1 从图中量取，并取整数）。

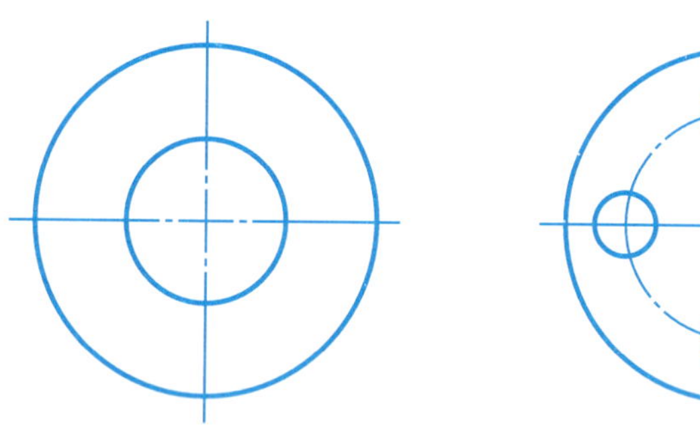

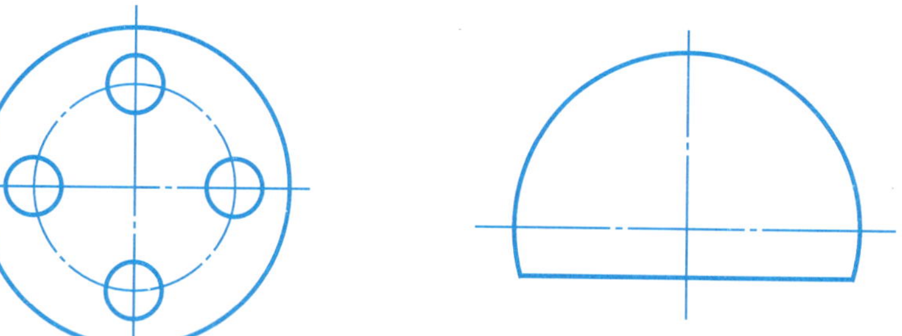

2. 标注圆弧的半径尺寸（按 1:1 从图中量取，并取整数）。

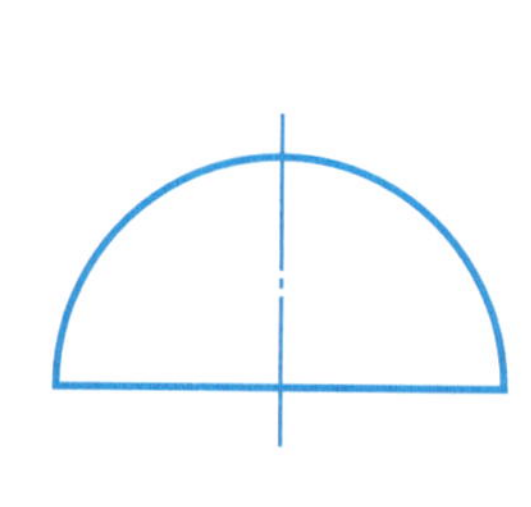

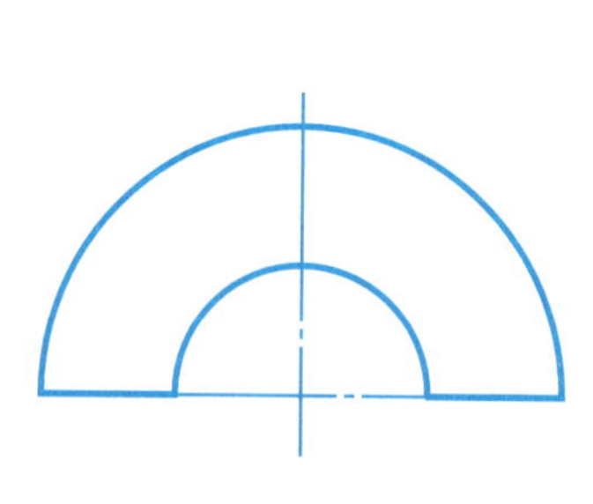

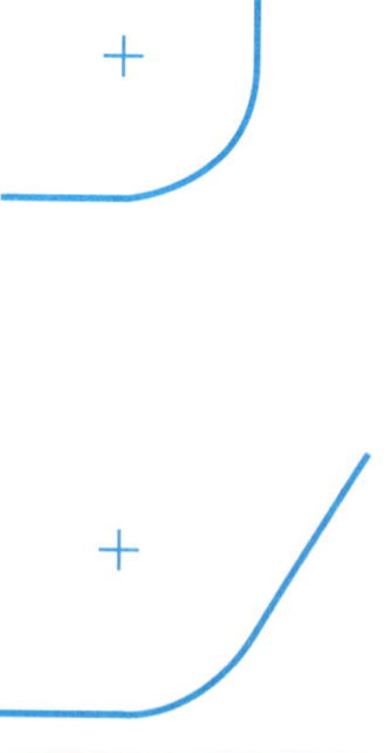

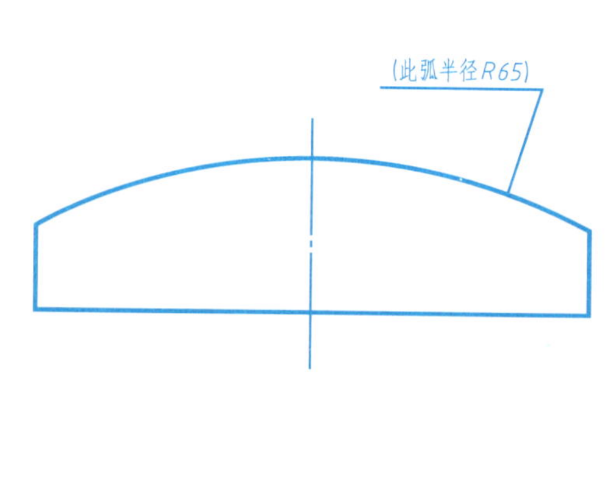

班级　　姓名　　学号　　成绩

1-9 按 1:1 标注尺寸（从图中量取，并取整数）

1.

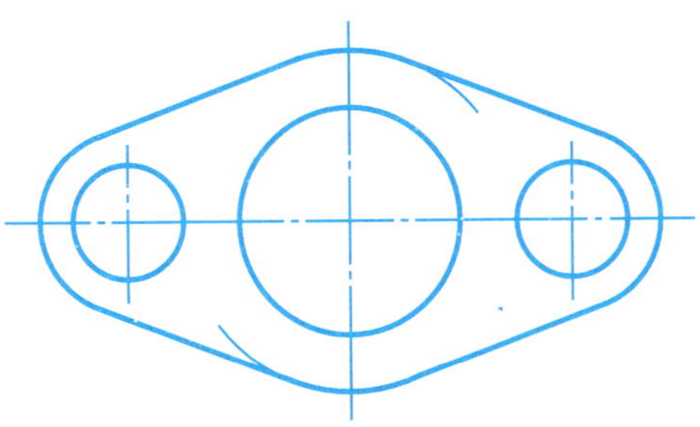

2.

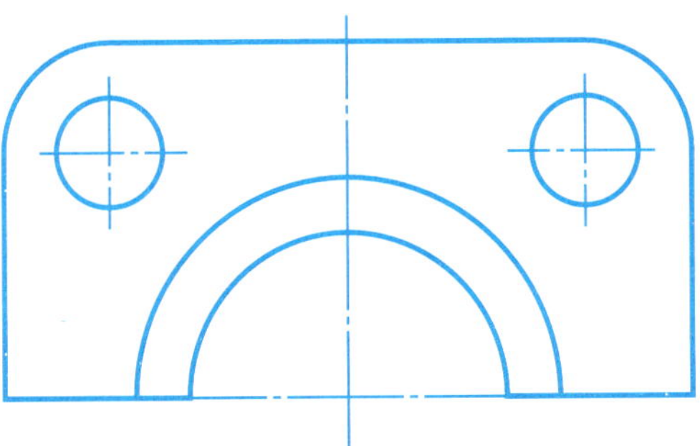

3.

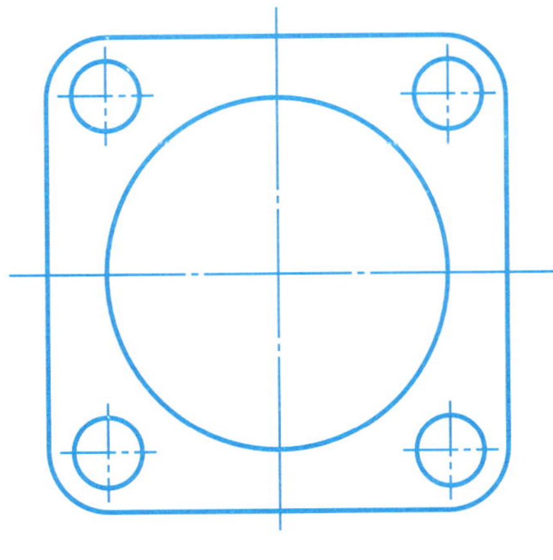

4.

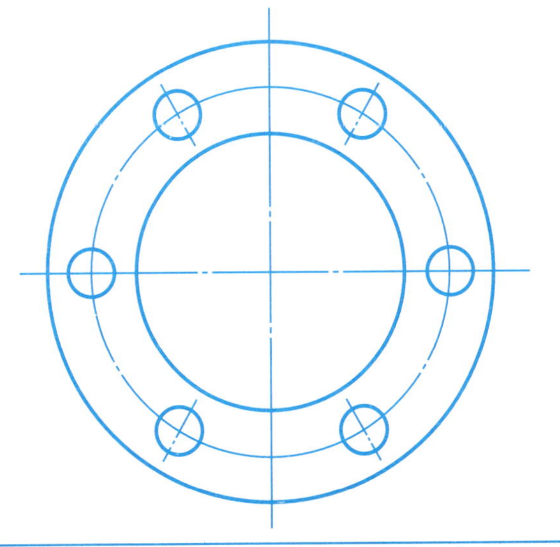

班级　　　　姓名　　　　学号　　　　成绩

1-10 等分作图

1. 作线段 *AB* 的垂直平分线。

A B

2. 以 *AB* 为底边作等边三角形。

A B

3. 将线段 *AB* 七等分。

A B

4. 依据小图中给定的多边形，利用圆（分）规作圆的三、六等分，完成下面的大图。

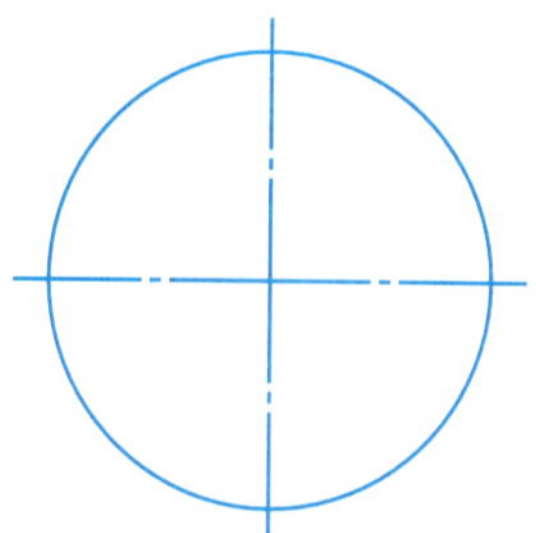
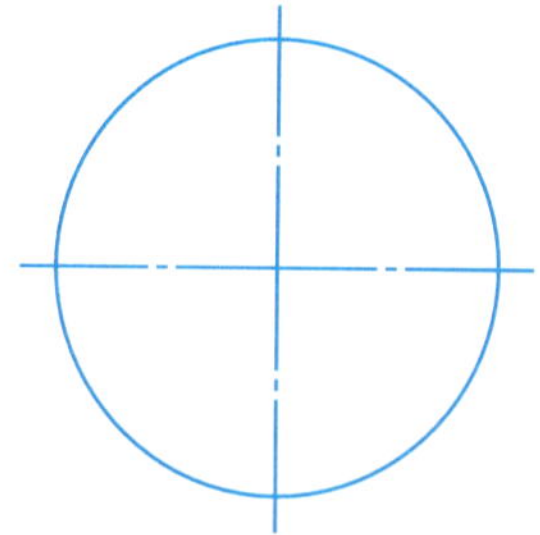
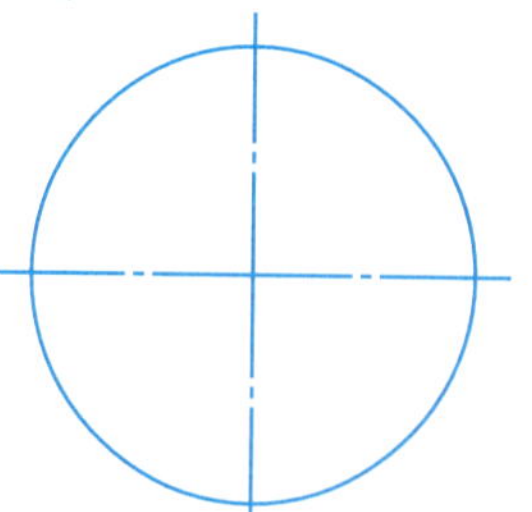
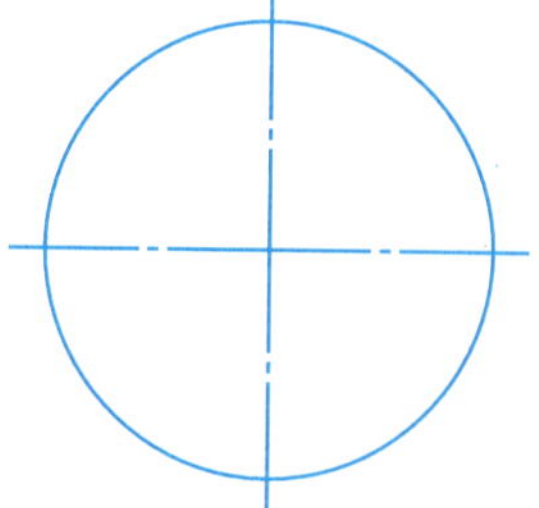

班级 姓名 学号 成绩

1-11 根据图例及下图中的尺寸，按1:1完成线段连接，保留作图线（一）

1.

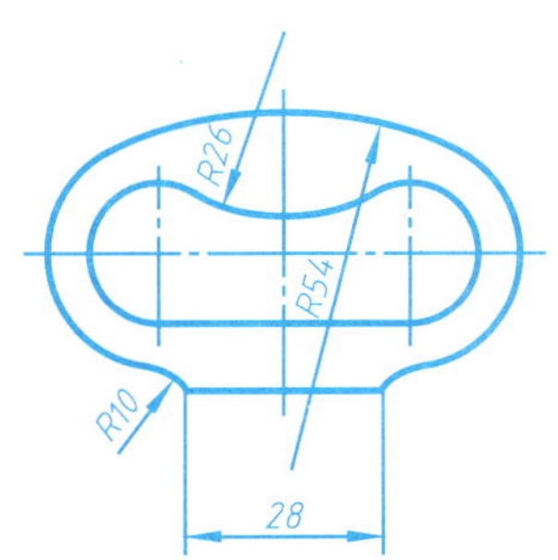

2.

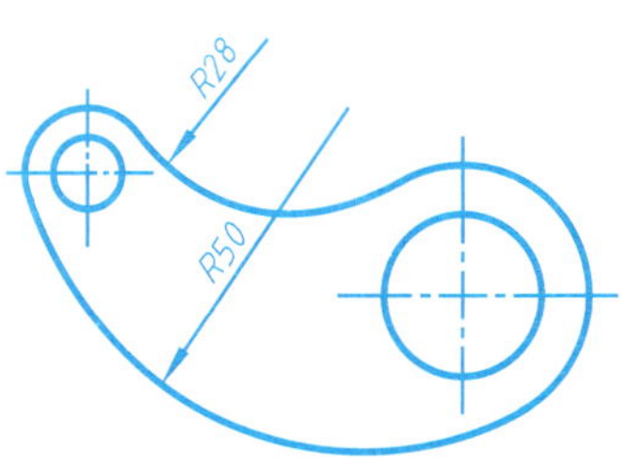

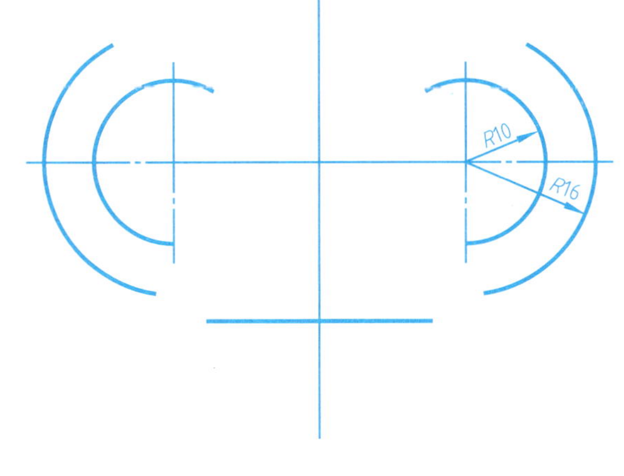

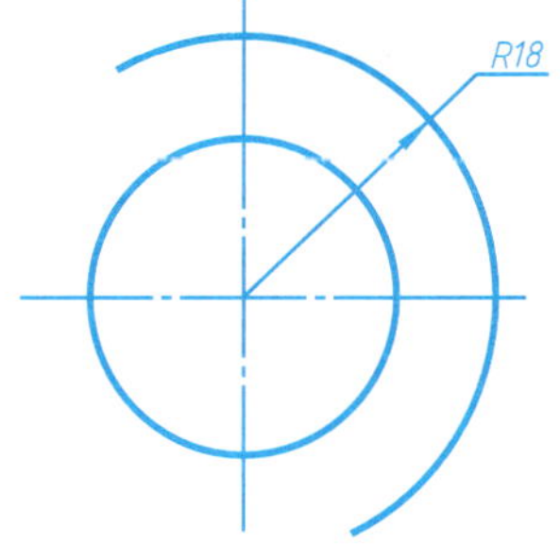

班级　　姓名　　学号　　成绩

1-12 根据图例及下图中的尺寸，按 1:1 完成线段连接，保留作图线（二）

1.

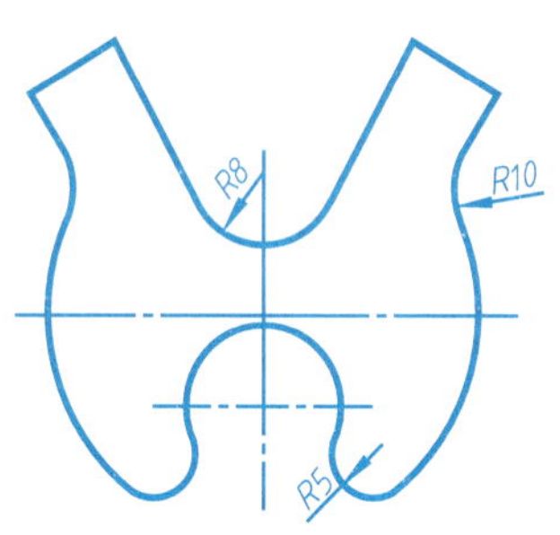

2.

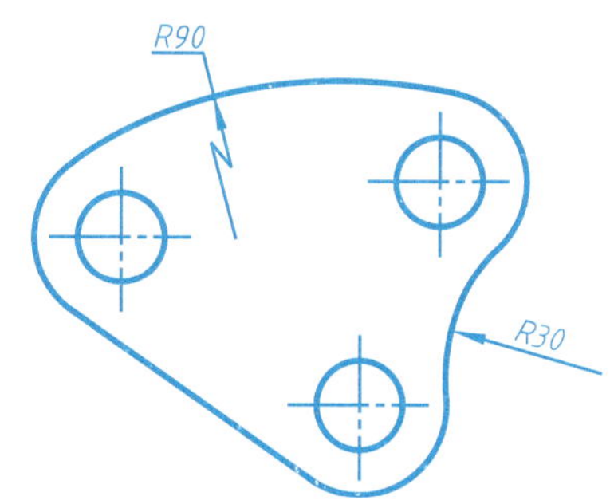

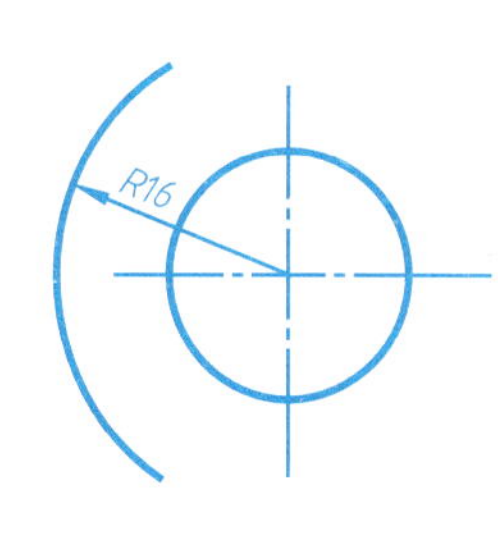

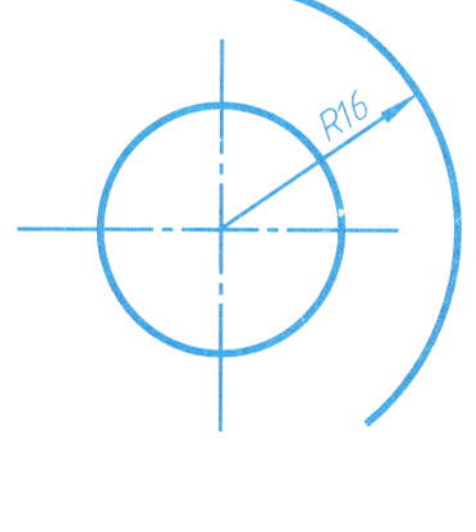

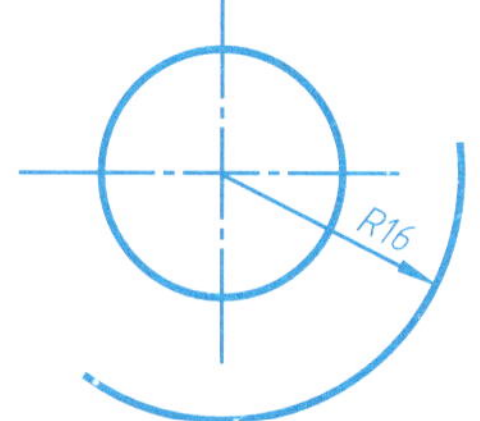

班级 姓名 学号 成绩

1. 按小图中给定的斜度，补画图中的缺线，并标注斜度（保留作图线）。

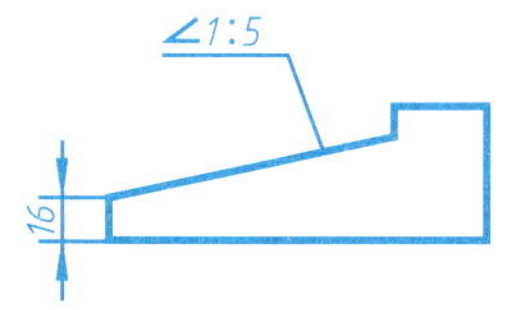

2. 按小图中给定的尺寸（1:1）抄画图形，并标注斜度（保留作图线）。

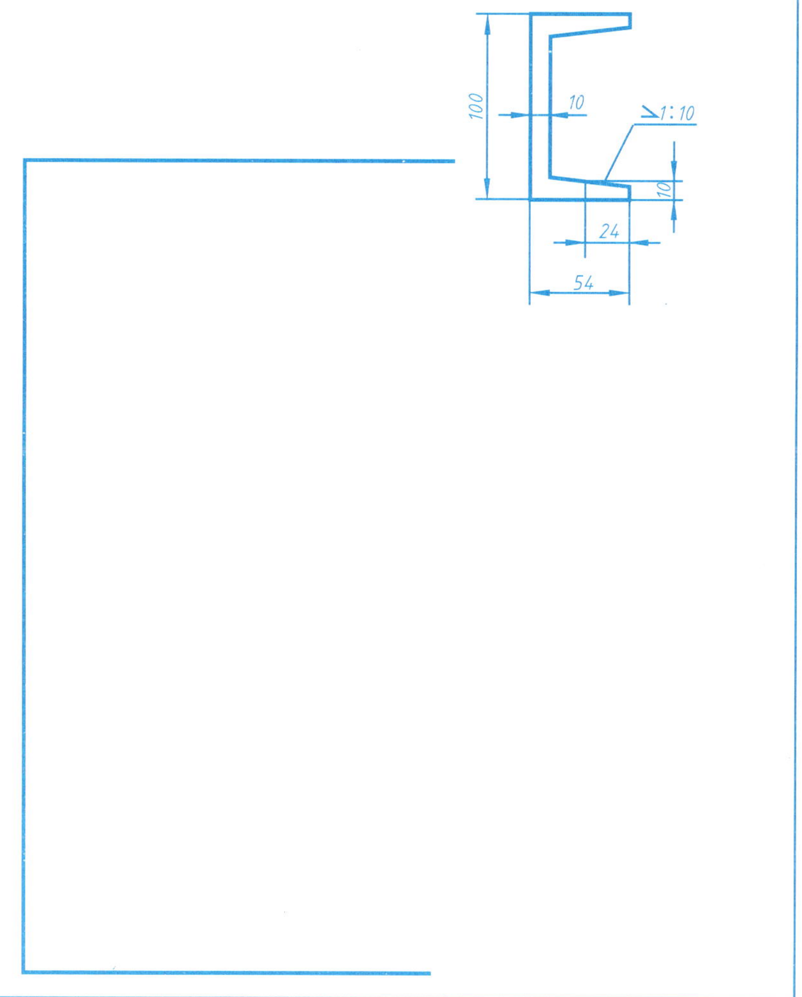

班级　　　姓名　　　学号　　　成绩

1-14 锥度画法练习

1. 按小图中给定的锥度，补画图中的缺线并标注锥度（保留作图线）。

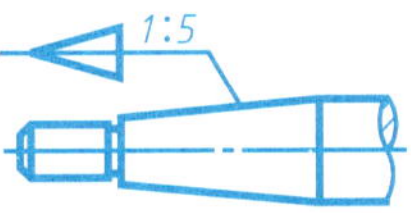

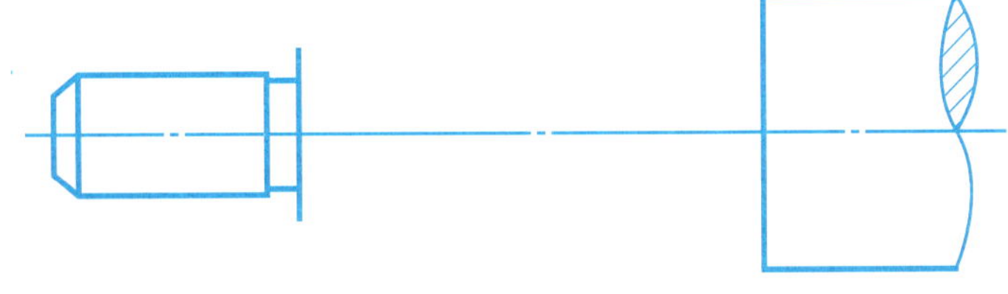

2. 按小图中给定的锥度，补画图中的缺线并标注锥度（保留作图线）。

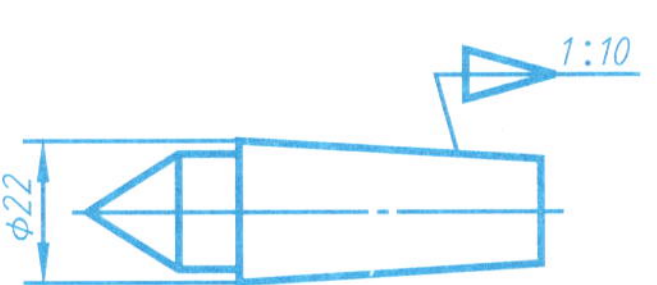

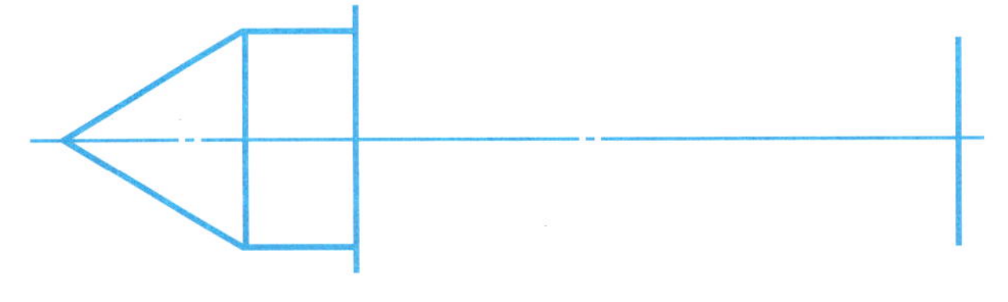

№2 作业指导书

一、作业目的

1. 熟悉平面图形的绘图步骤和尺寸注法。
2. 掌握线段连接的作图方法和技巧。

二、内容与要求

1. 按教师指定的图例，绘制平面图形并标注尺寸。
2. 用 A4 图纸，自己选定绘图比例。

三、作图步骤

1. 分析图形中的尺寸作用及线段性质，确定作图步骤。
2. 画底稿。

1） 画图框、对中符号和标题栏。

2） 画出图形的基准线、对称中心线及圆的中心线等。

3） 画图时，先画已知弧，再画中间弧，最后画连接弧。

4） 画出尺寸界线、尺寸线。

3. 检查底稿，描深图形。
4. 标注尺寸、填写标题栏。
5. 校对，修饰图面。

四、注意事项

1. 布置图形时，应留足标注尺寸的位置，使图形布置匀称。
2. 画底稿时，作图线应细淡而准确，连接弧的圆心及切点要准确。
3. 加深时必须细心，按“先粗后细、先曲后直、先水平后垂直、倾斜”的顺序绘制，尽量做到同类图线规格一致，线段连接光滑。
4. 箭头应符合规定且大小一致。不要漏注尺寸或漏画箭头。

五、图例（见右图及下页）

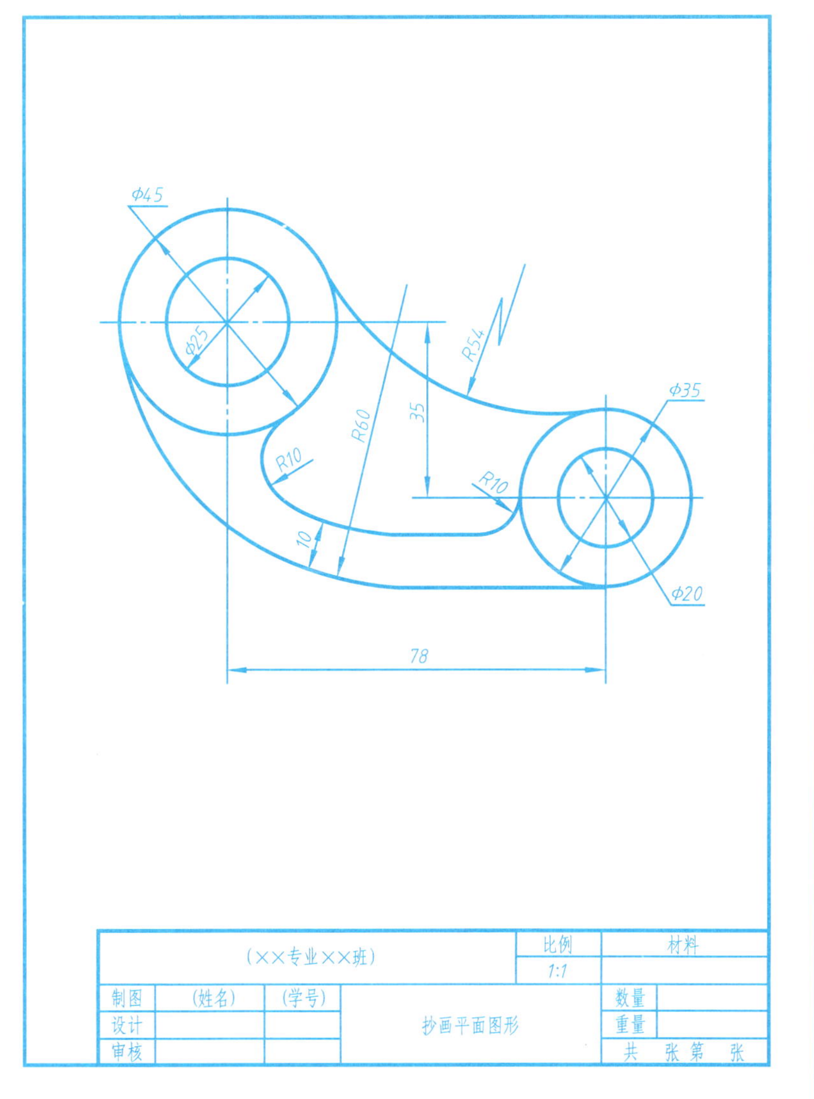

1.

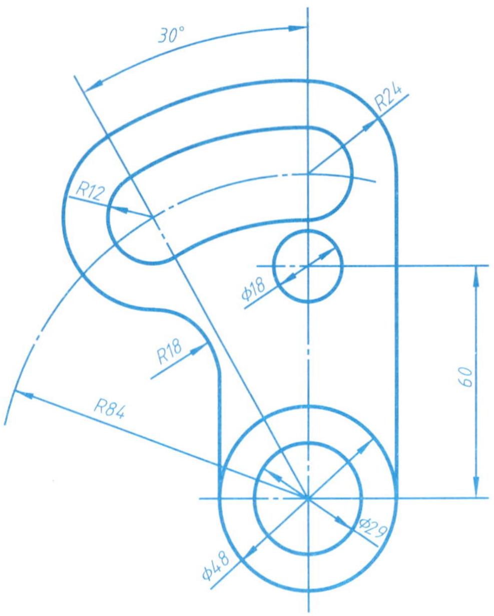

(××专业××班)				比例	材料	
				1:1		
制图	(姓名)	(学号)	抄画平面图形		数量	
设计					重量	
审核					共 张 第 张	

2.

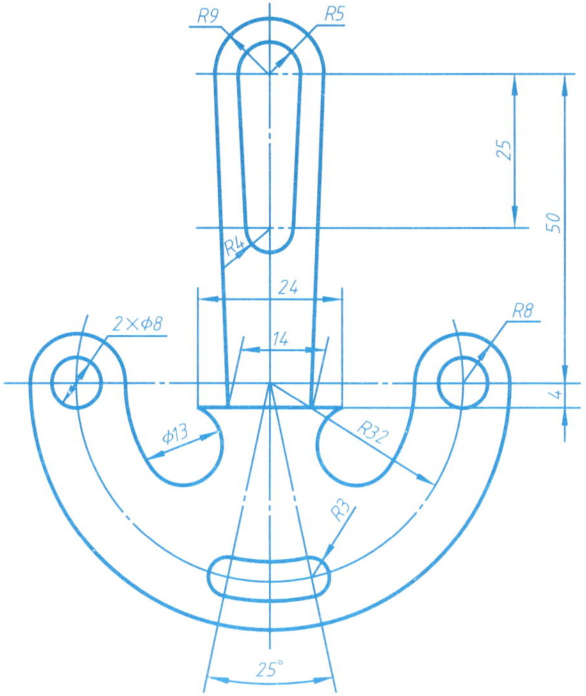

(××专业××班)				比例	材料	
				1:1		
制图	(姓名)	(学号)	抄画平面图形		数量	
设计					重量	
审核					共 张 第 张	

1-17 徒手抄画下列图形，比例 1:1，不标注尺寸（一）

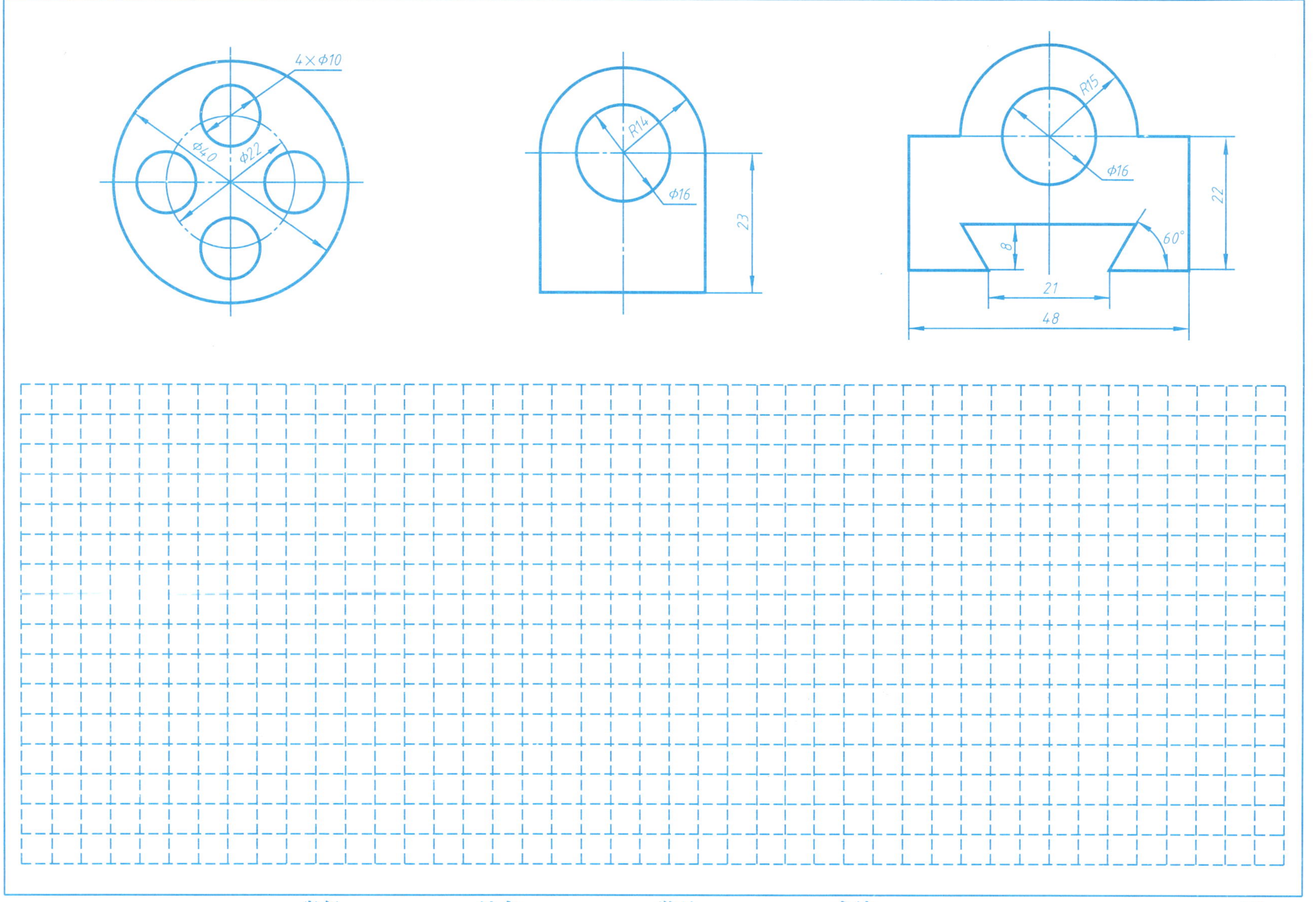

班级　　姓名　　学号　　成绩

1-18 徒手画出下列图形，比例 1:1，不标注尺寸（二）

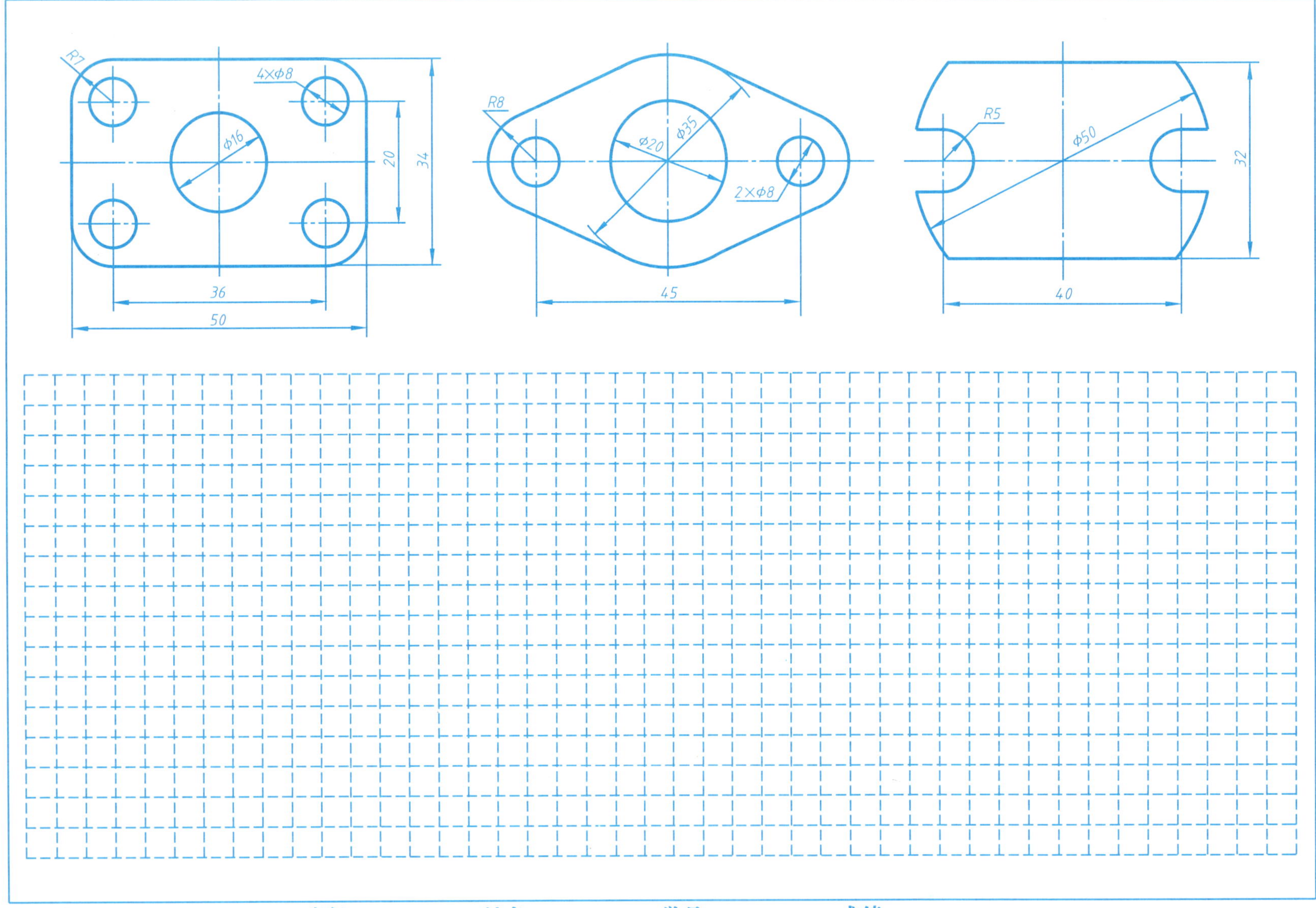

班级　　　　姓名　　　　学号　　　　成绩

第二章　正投影基础

2-1　回答下列问题

1. 填空。

(1) 正投影的基本性质有哪些?

当平面与投影面平行时，其投影________________;

当平面与投影面垂直时，其投影________________;

当平面与投影面倾斜时，其投影________________。

(2) 三视图是怎么得到的?

主视图是由__________投射在__________面所得的视图;

俯视图是由__________投射在__________面所得的视图;

左视图是由__________投射在__________面所得的视图。

(3) 三视图之间的对应关系如何?

主、俯视图__________;

主、左视图__________;

俯、左视图__________。

(4) 三视图与物体的方位关系如何?

主视图反映物体的__________和__________;

俯视图反映物体的__________和__________;

左视图反映物体的__________和__________。

2. 选择一个正确的答案，将其字母代号填入扩号内。

(1) 机械工程和建筑工程图样主要采用（　　）的方法绘制。

A. 平行投影　B. 中心投影　C. 斜投影　D. 正投影

(2) 平行投影法分为（　　）两种。

A. 主要投影法和辅助投影法

B. 正投影法和斜投影法

C. 一次投影法和二次投影法

D. 中心投影法和平行投影法

(3) 获得投影的要素有投射线、（　　）、投影面。

A. 光源　B. 物体　C. 投射中心　D. 画面

(4) 平行投影法中投射线与投影面相垂直时，称为（　　）。

A. 垂直投影法　　B. 正投影法

C. 斜投影法　　D. 中心投影法

(5) 将投射中心移至无限远处，则投射线视为相互（　　）。

A. 垂直　B. 交于一点　C. 平行　D. 交叉

(6) 正投影的基本特性主要有实形性、积聚性、（　　）。

A. 类似性　B. 特殊性　C. 统一性　D. 普遍性

(7) 三视图中，离主视图远的一面表示物体的（　　）面。

A. 上　B. 下　C. 前　D. 后

班级　　姓名　　学号　　成绩

2-2 找出与上面三视图对应的立体（轴测）图，在圆圈内填写对应的编号（一）

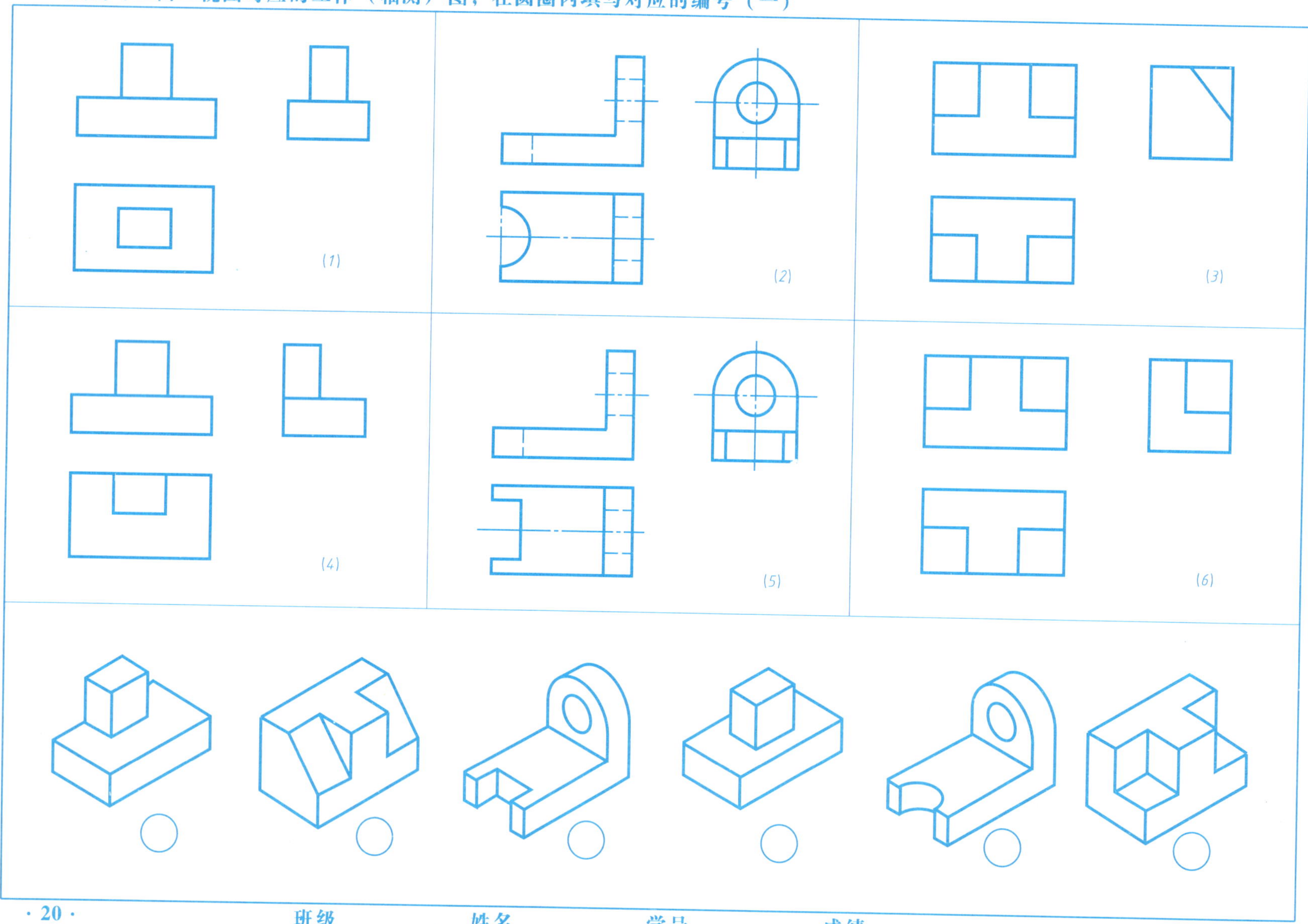

班级　　　　姓名　　　　学号　　　　成绩

2-3 找出与上面三视图对应的立体（轴测）图，在圆圈内填写对应的编号（二）

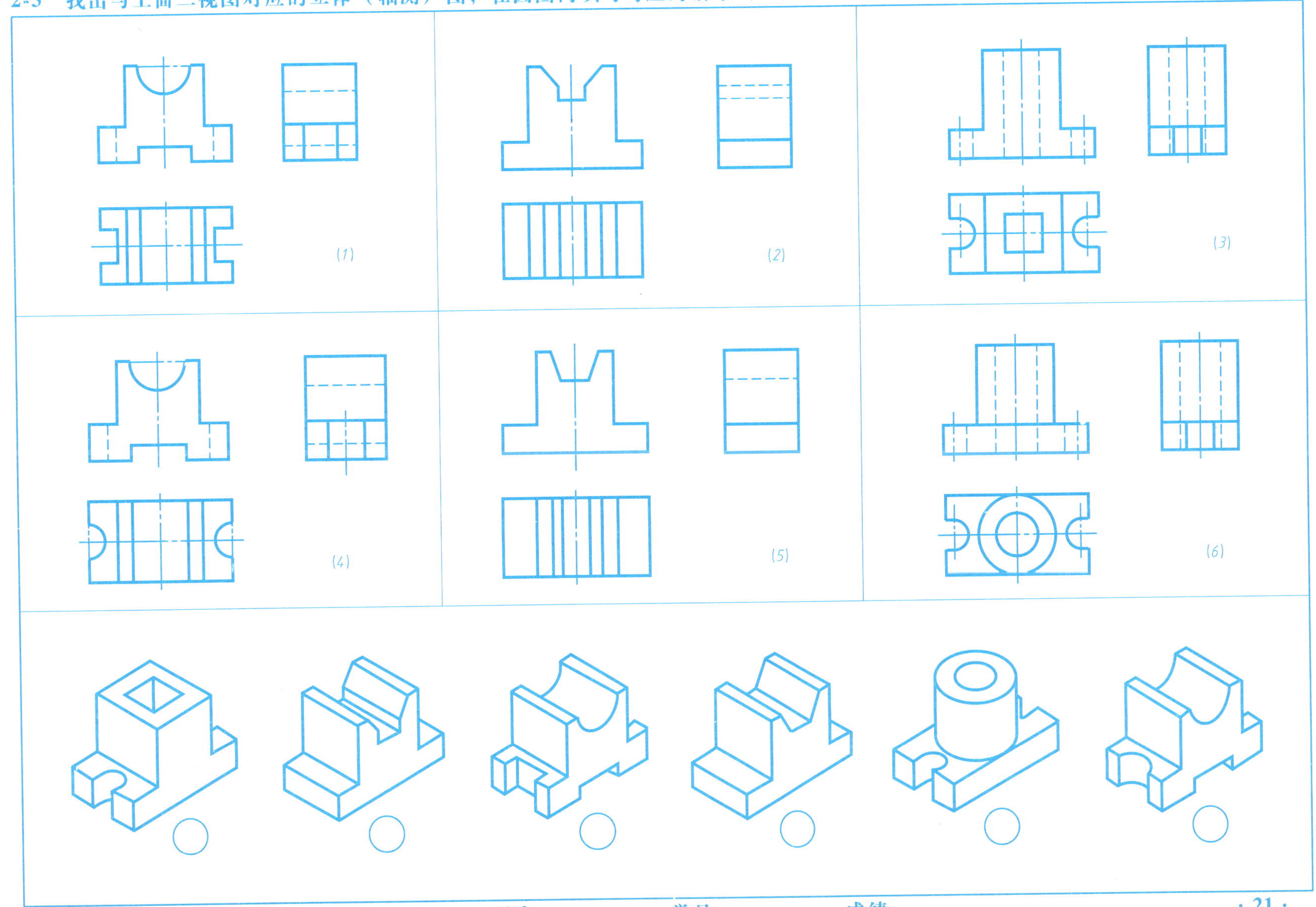

班级　　姓名　　学号　　成绩

2-4 有几个与三视图对应的立体（轴测）图？将其编号填入扩号内

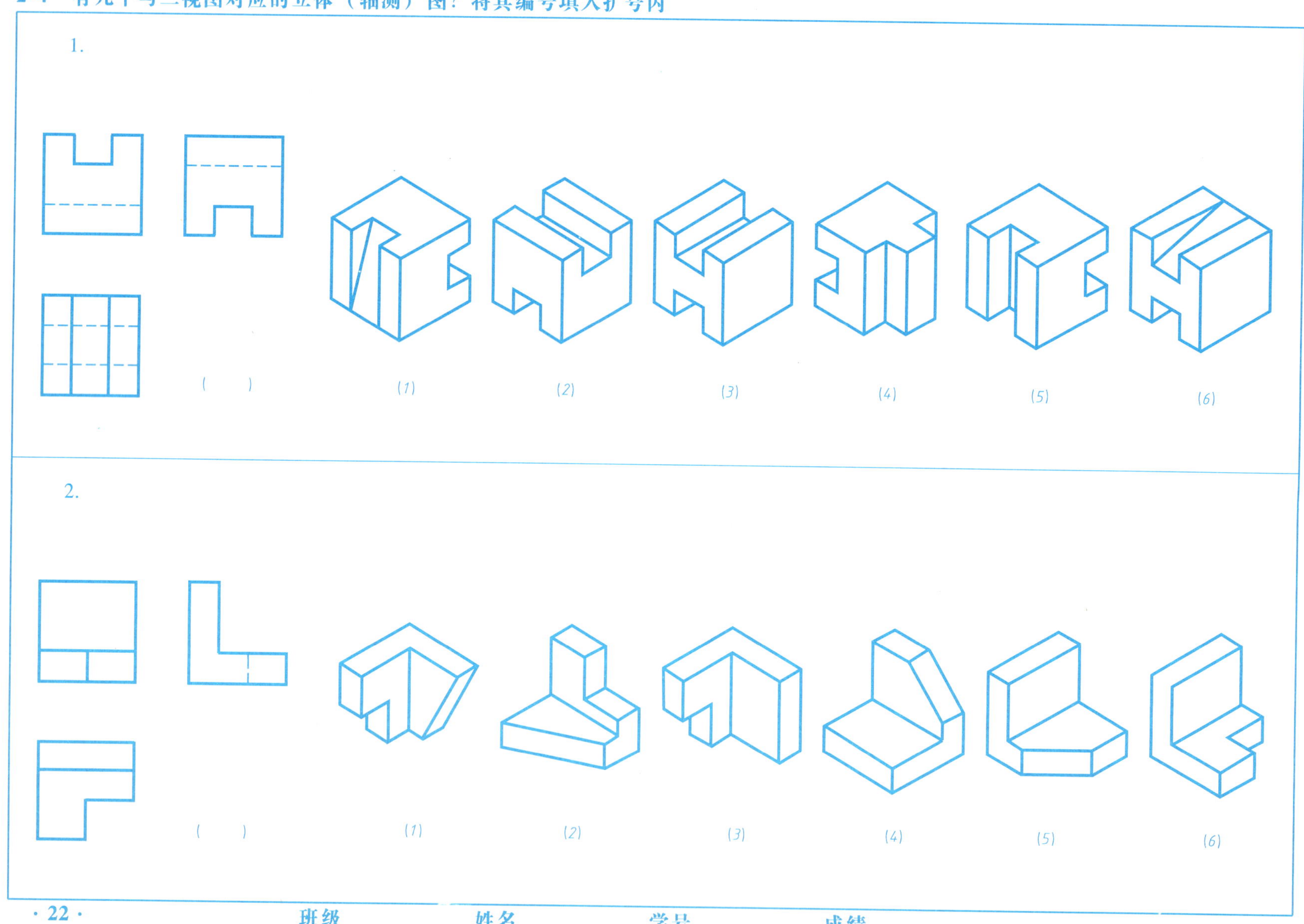

班级　　　　姓名　　　　学号　　　　成绩

2-5 根据立体（轴测）图画出三视图，尺寸由立体图中量取，并取整数

1.

主视方向

2.

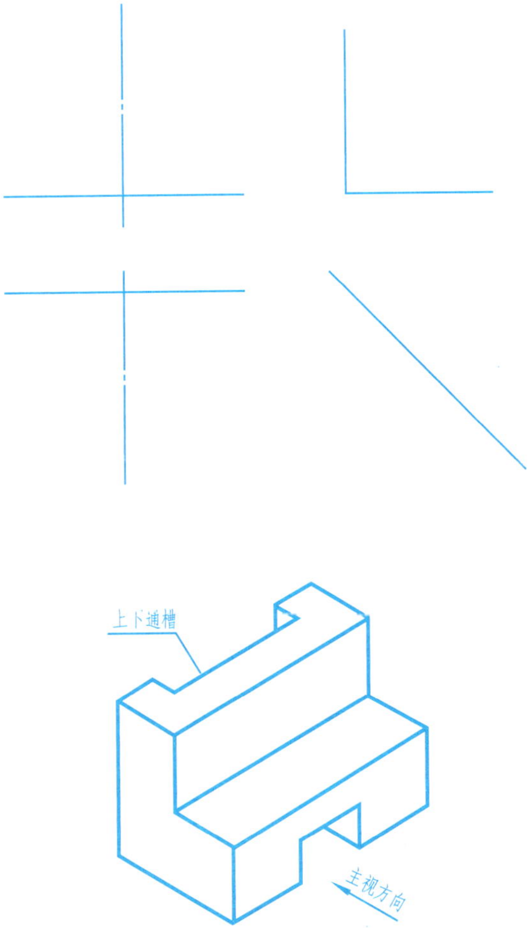

上下通槽

主视方向

班级　　姓名　　学号　　成绩

2-6 参照立体（轴测）图，补画视图中的漏线（一）

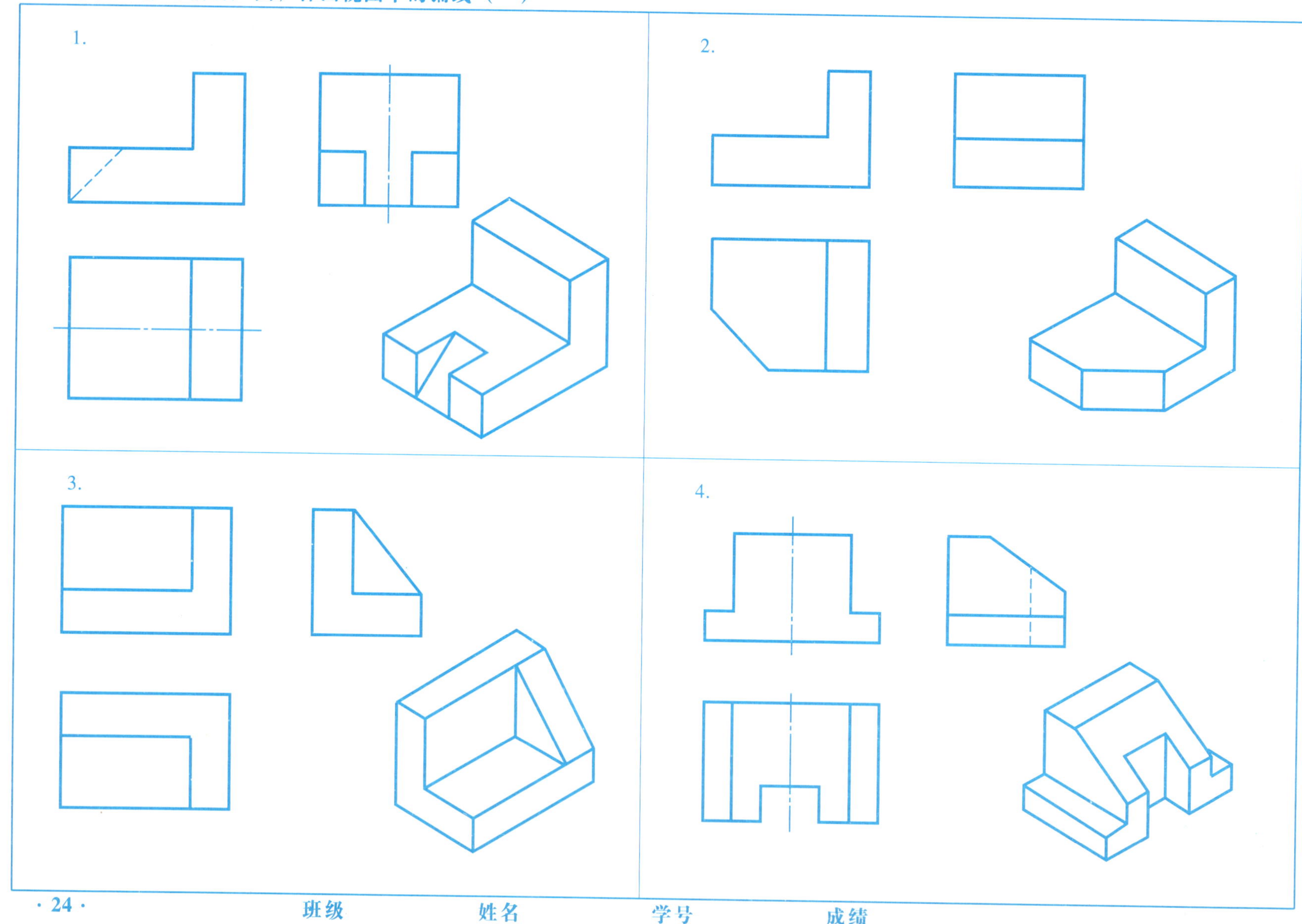

班级 姓名 学号 成绩

2-7 参照立体（轴测）图，补画视图中的漏线（二）

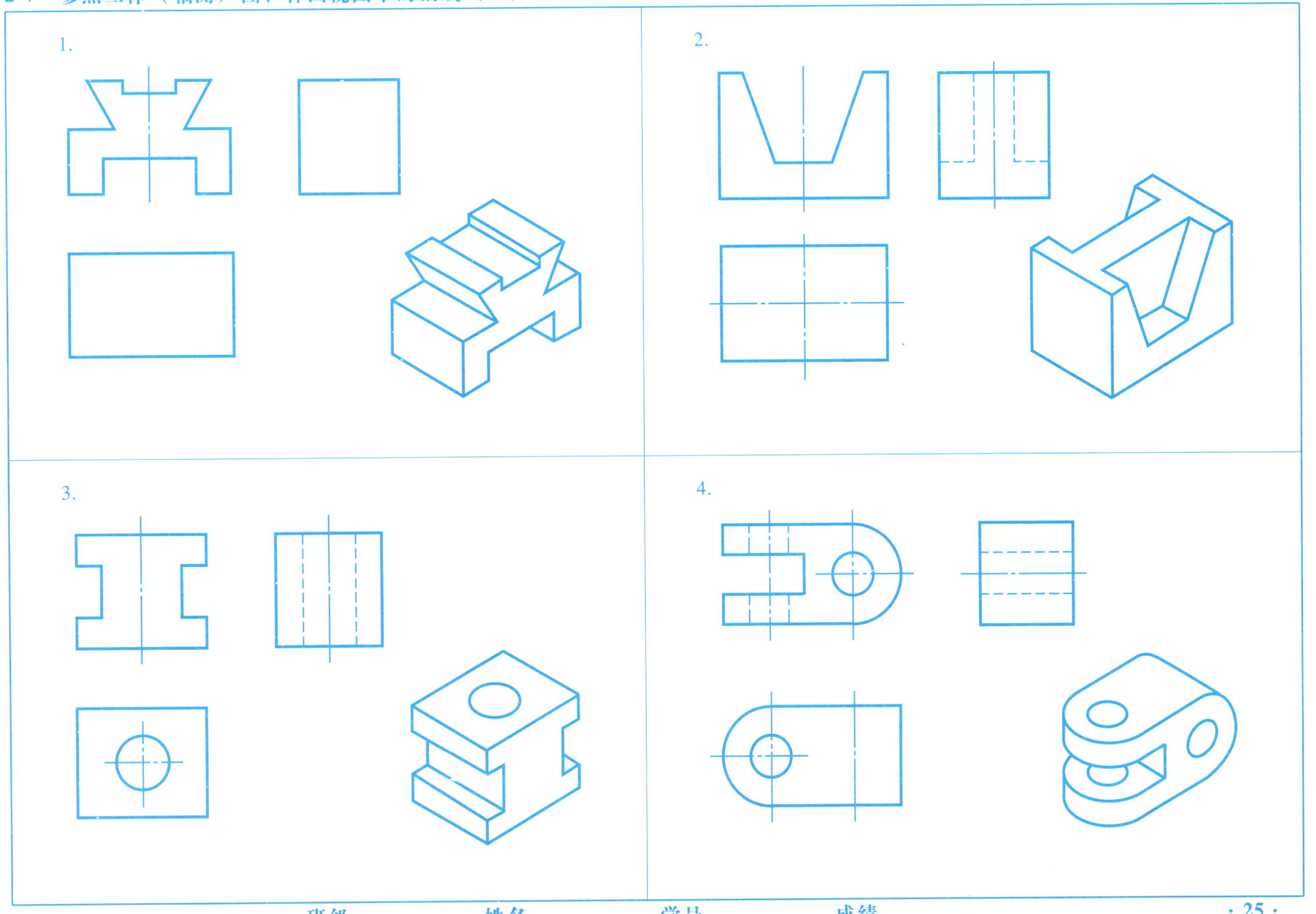

班级　　姓名　　学号　　成绩

2-8 下面几组三视图中漏画了一些图线，请将它们补上

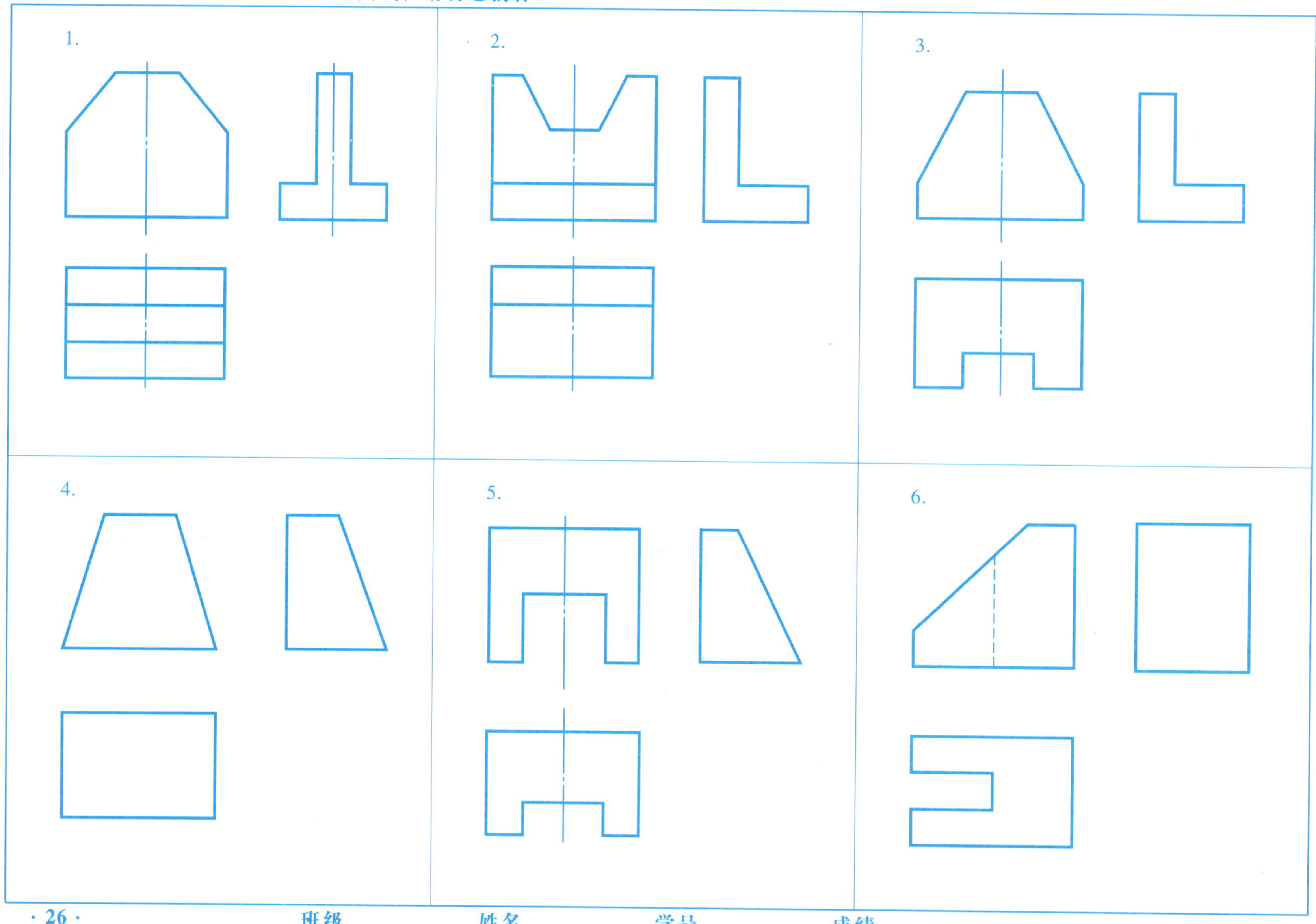

 班级 姓名 学号 成绩

2-9　参照轴测图，补画三视图

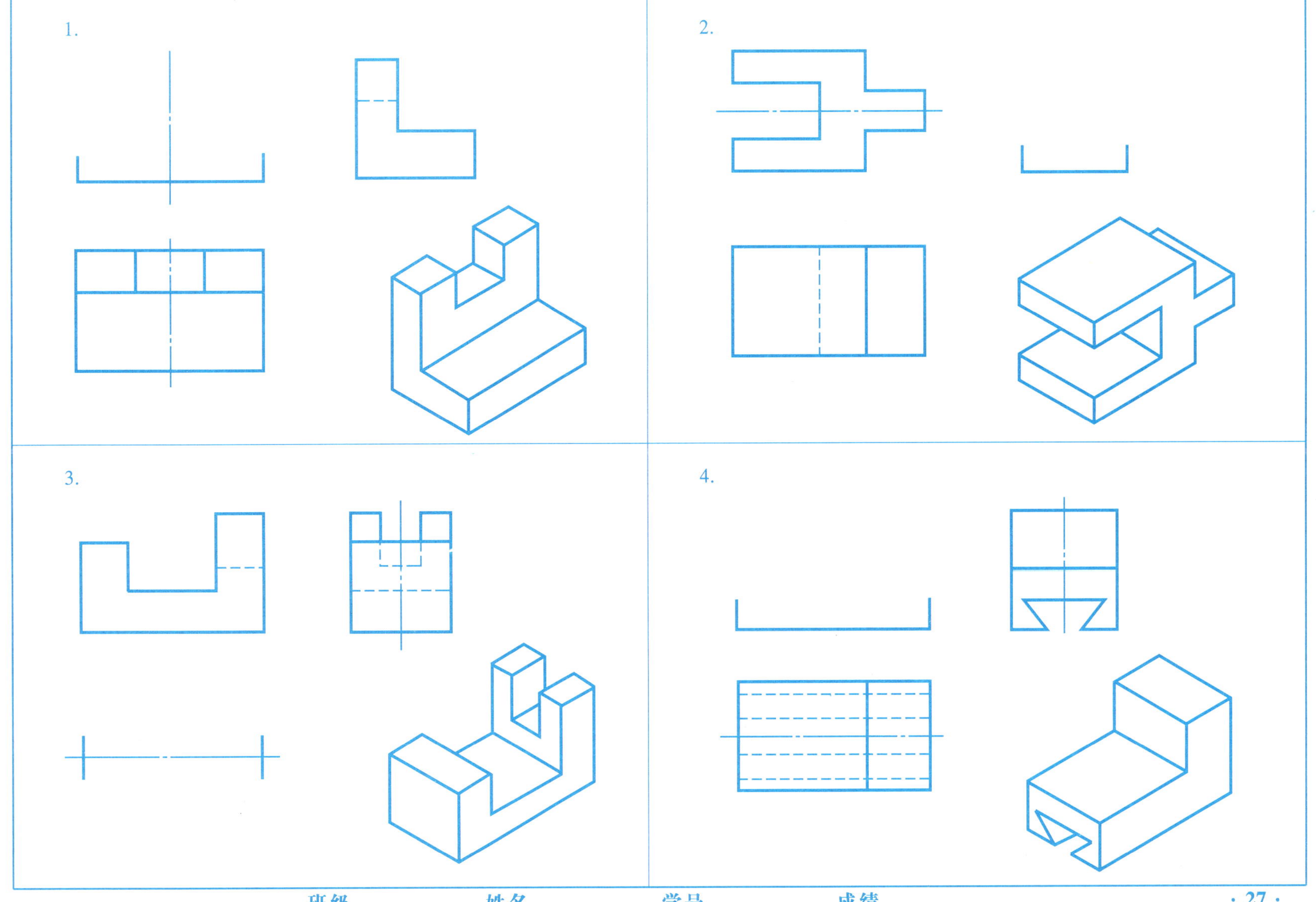

班级　　　　　姓名　　　　　学号　　　　　成绩

2-10 根据轴测图，目测尺寸，按1:1比例徒手画出其三视图（一）

班级　　姓名　　学号　　成绩

2-11 根据轴测图，目测尺寸，按1:1比例徒手画出其三视图（二）

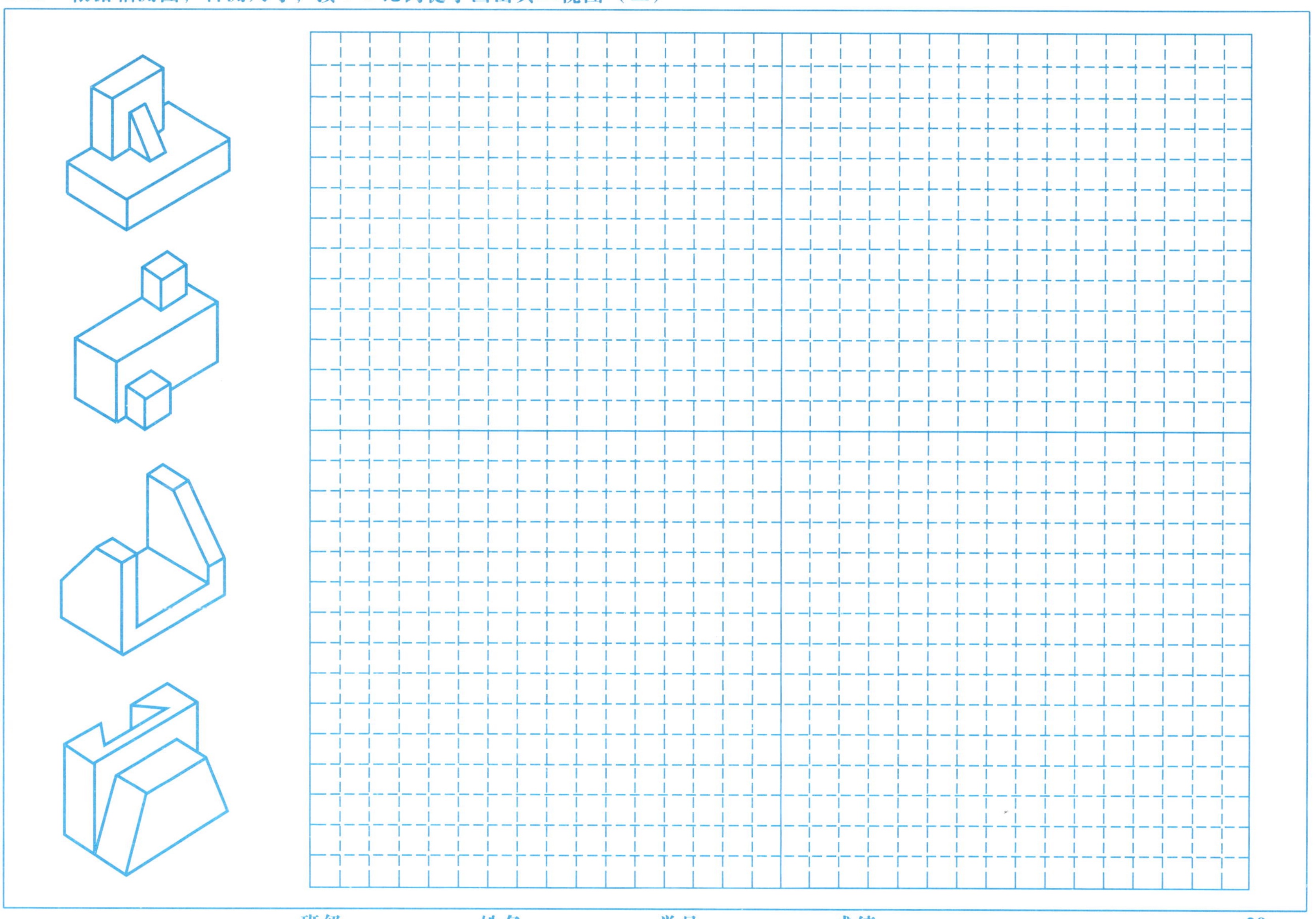

2-12 棱柱的投影（一）

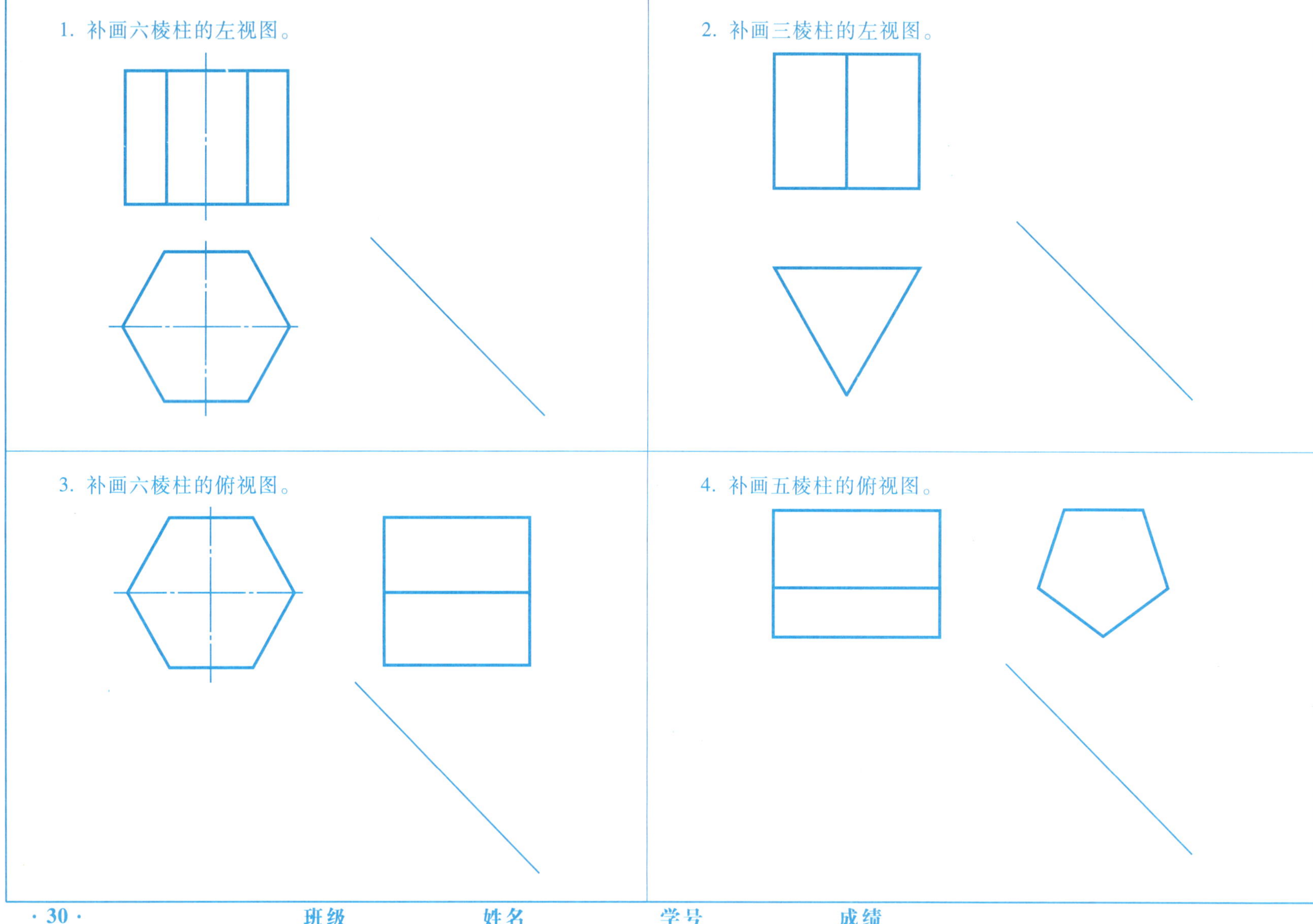

 班级 姓名 学号 成绩

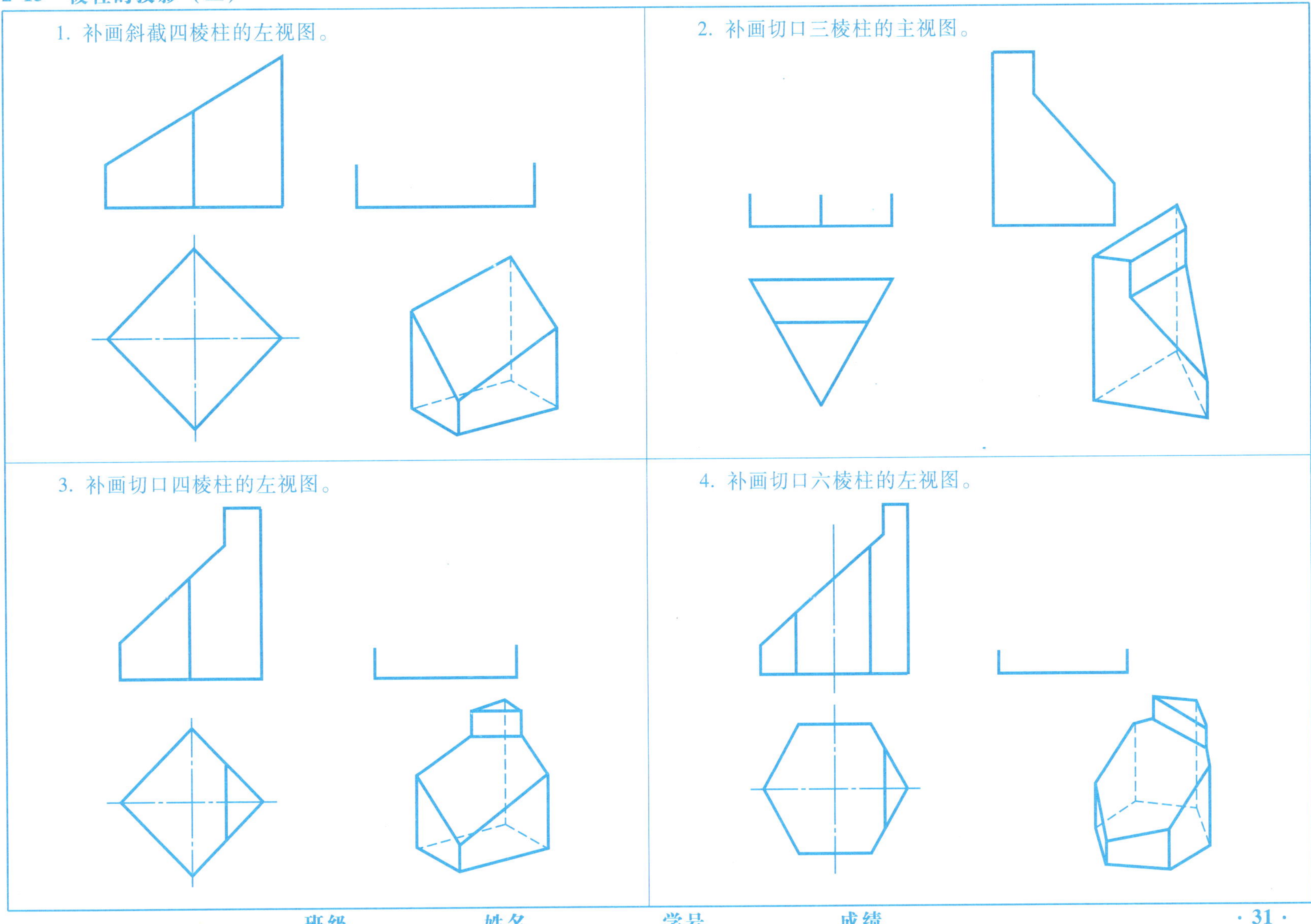

班级 姓名 学号 成绩

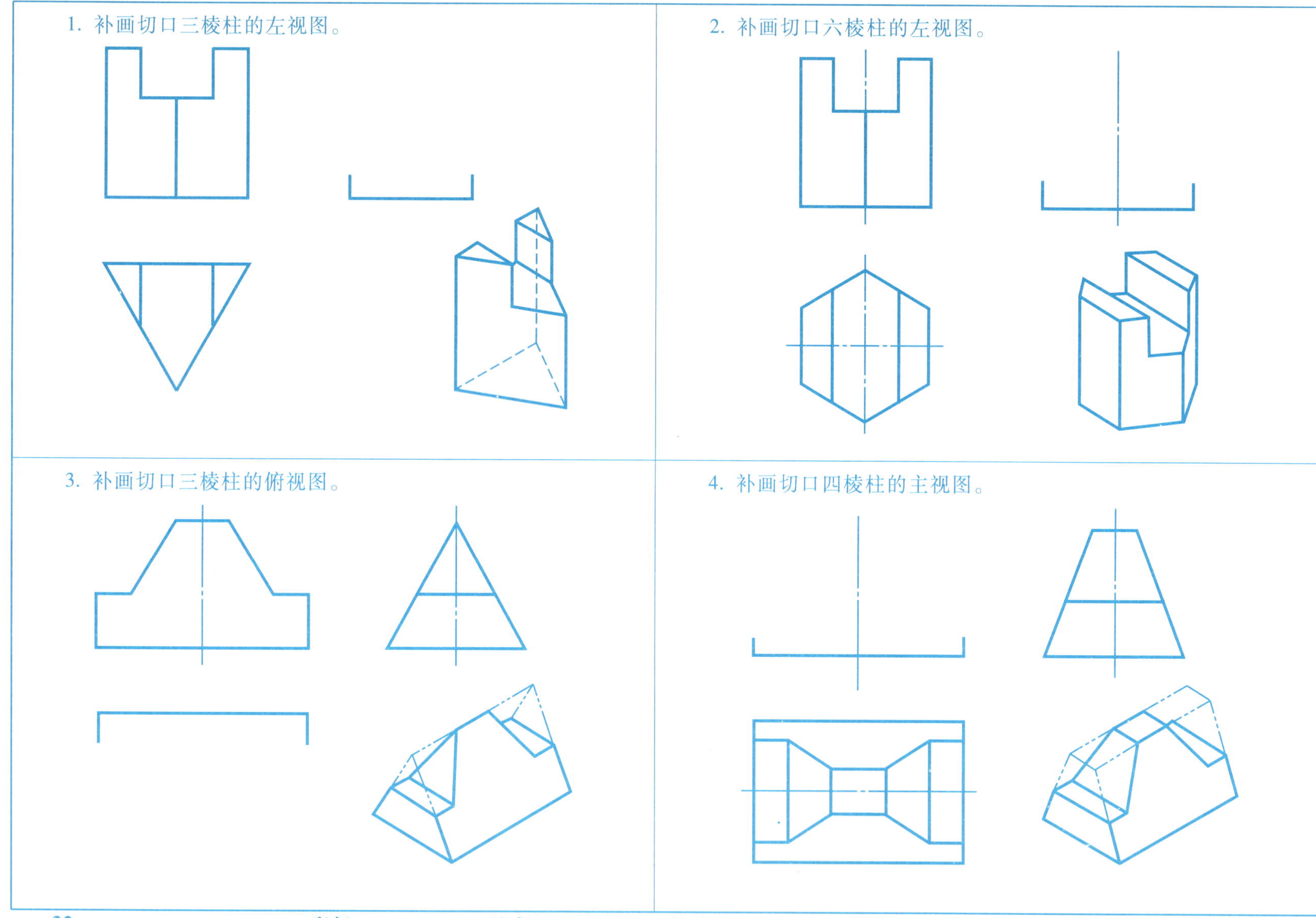
1. 补画切口三棱柱的左视图。
2. 补画切口六棱柱的左视图。
3. 补画切口三棱柱的俯视图。
4. 补画切口四棱柱的主视图。

2-15 棱锥的投影（一）

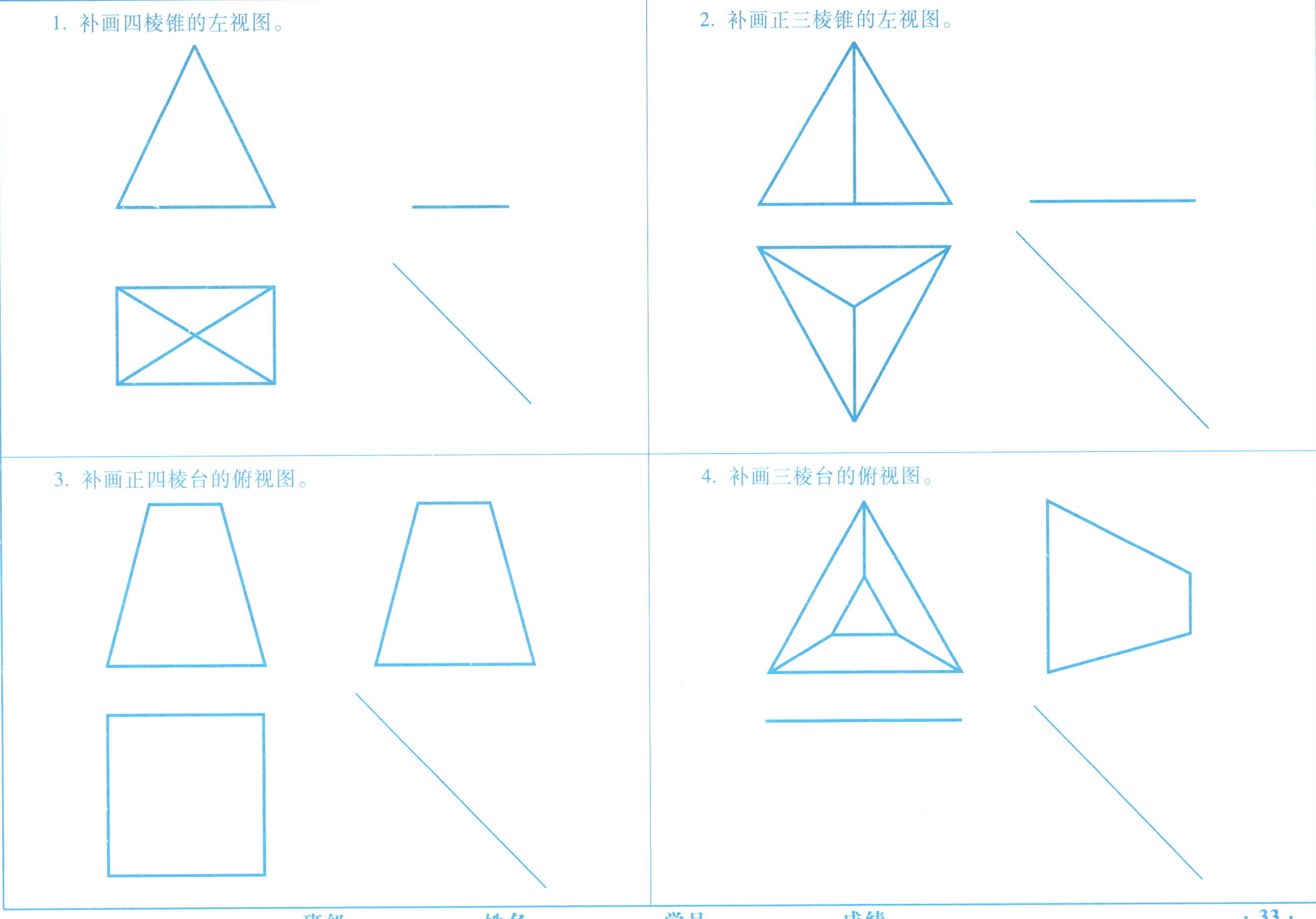

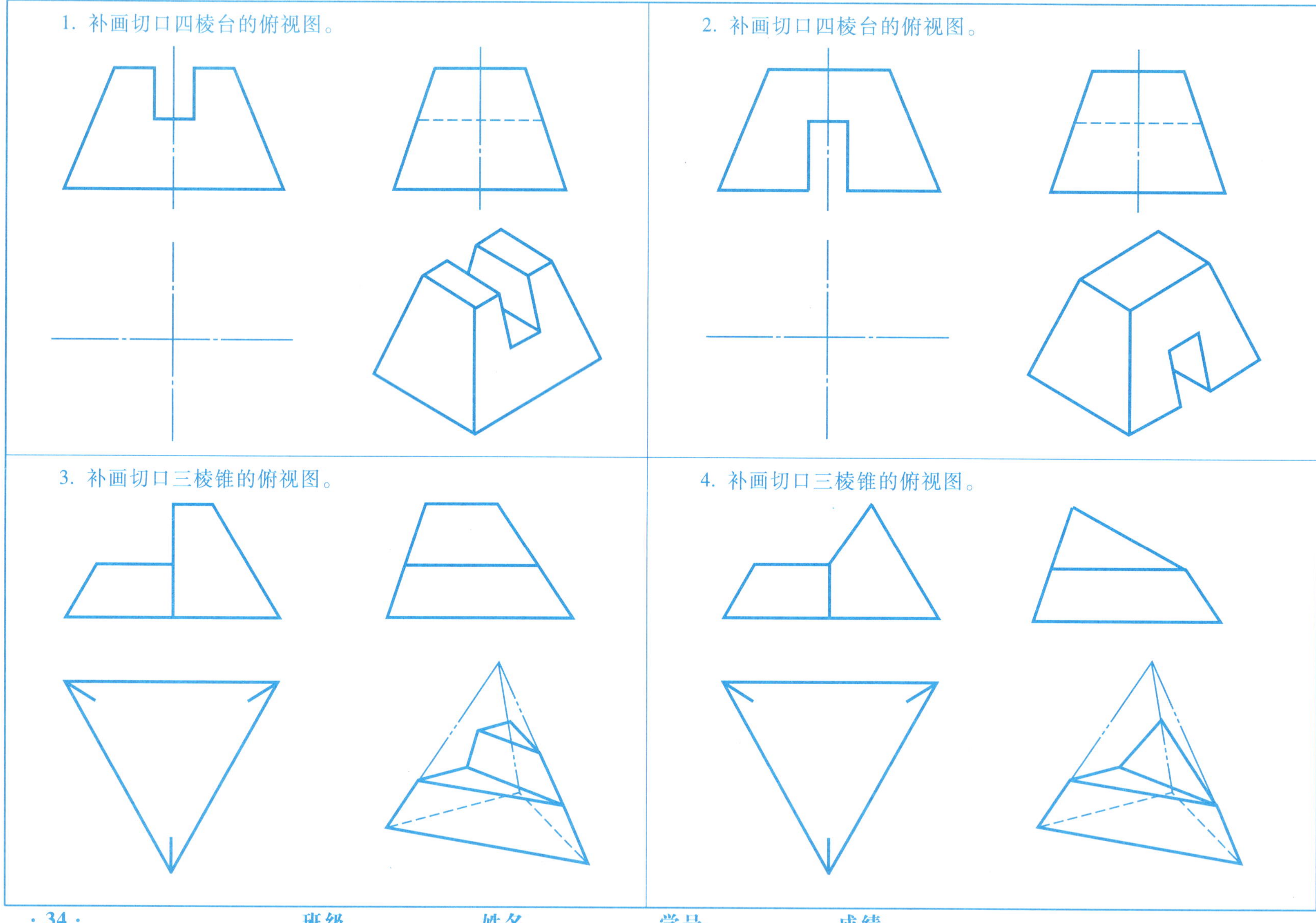

 班级 姓名 学号 成绩

2-17 补画圆柱的视图

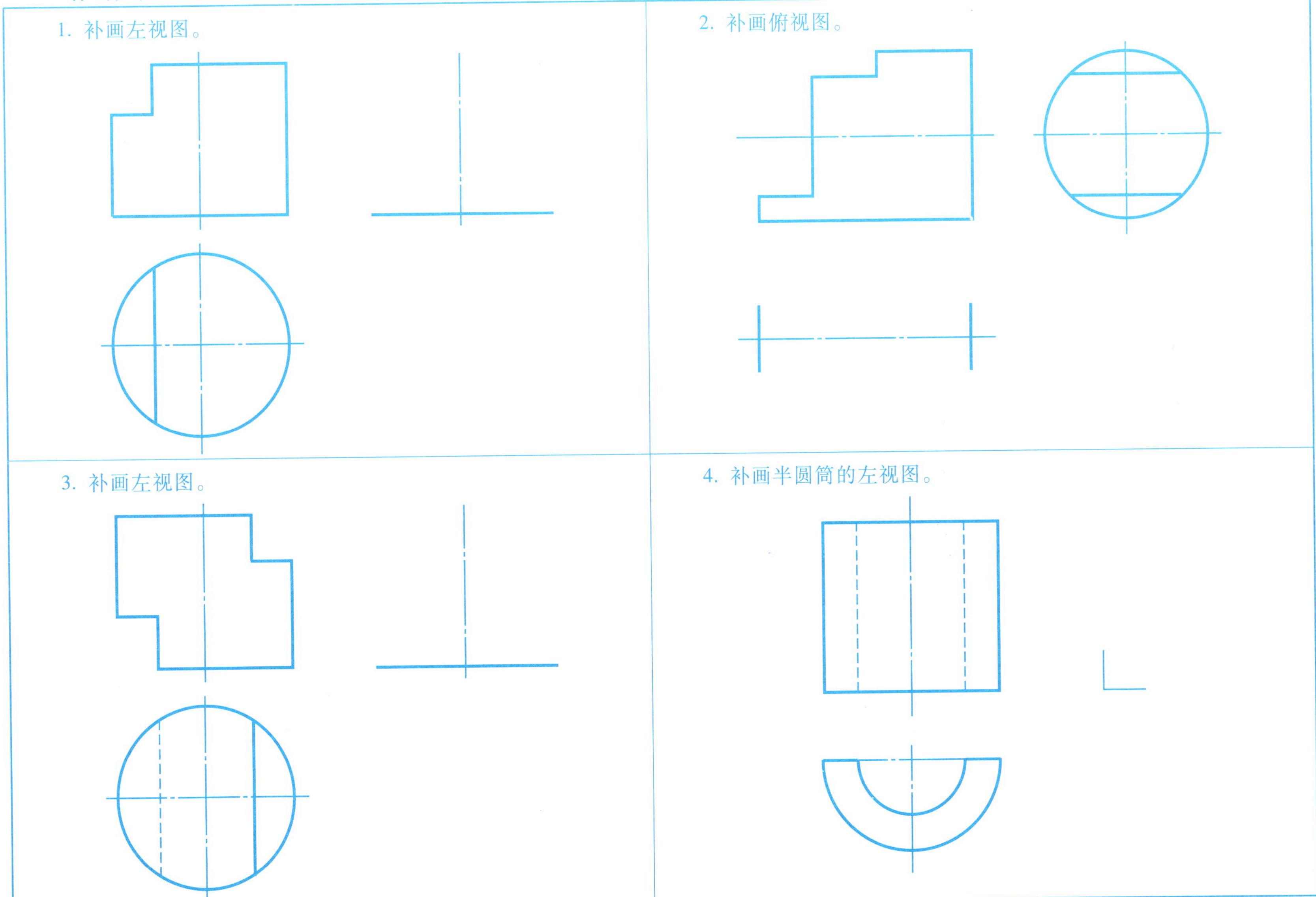

班级　　姓名　　学号　　成绩

2-18 补画切口圆柱的左视图

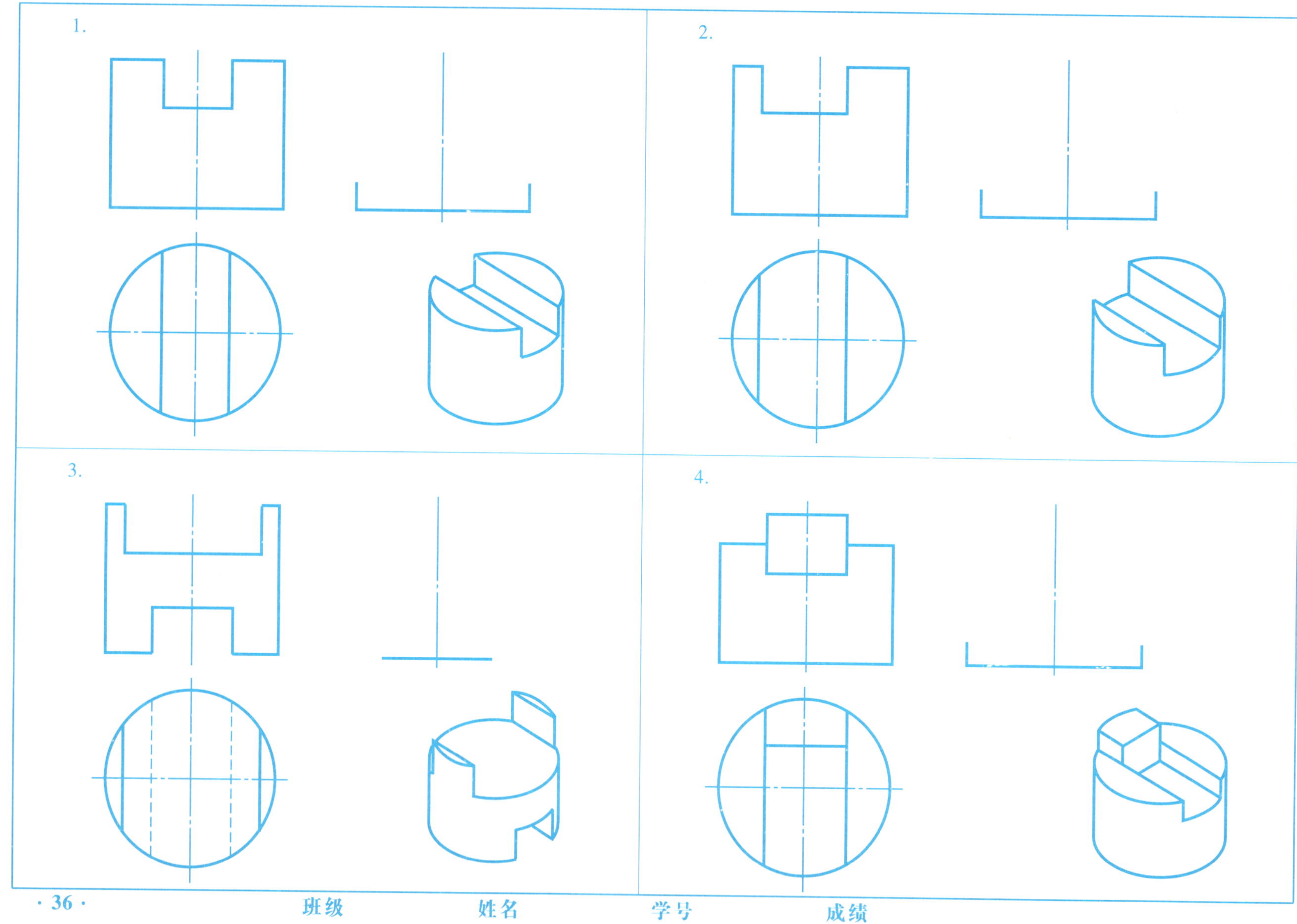

班级　　　　姓名　　　　学号　　　　成绩

2-19 补画切口圆筒的左视图

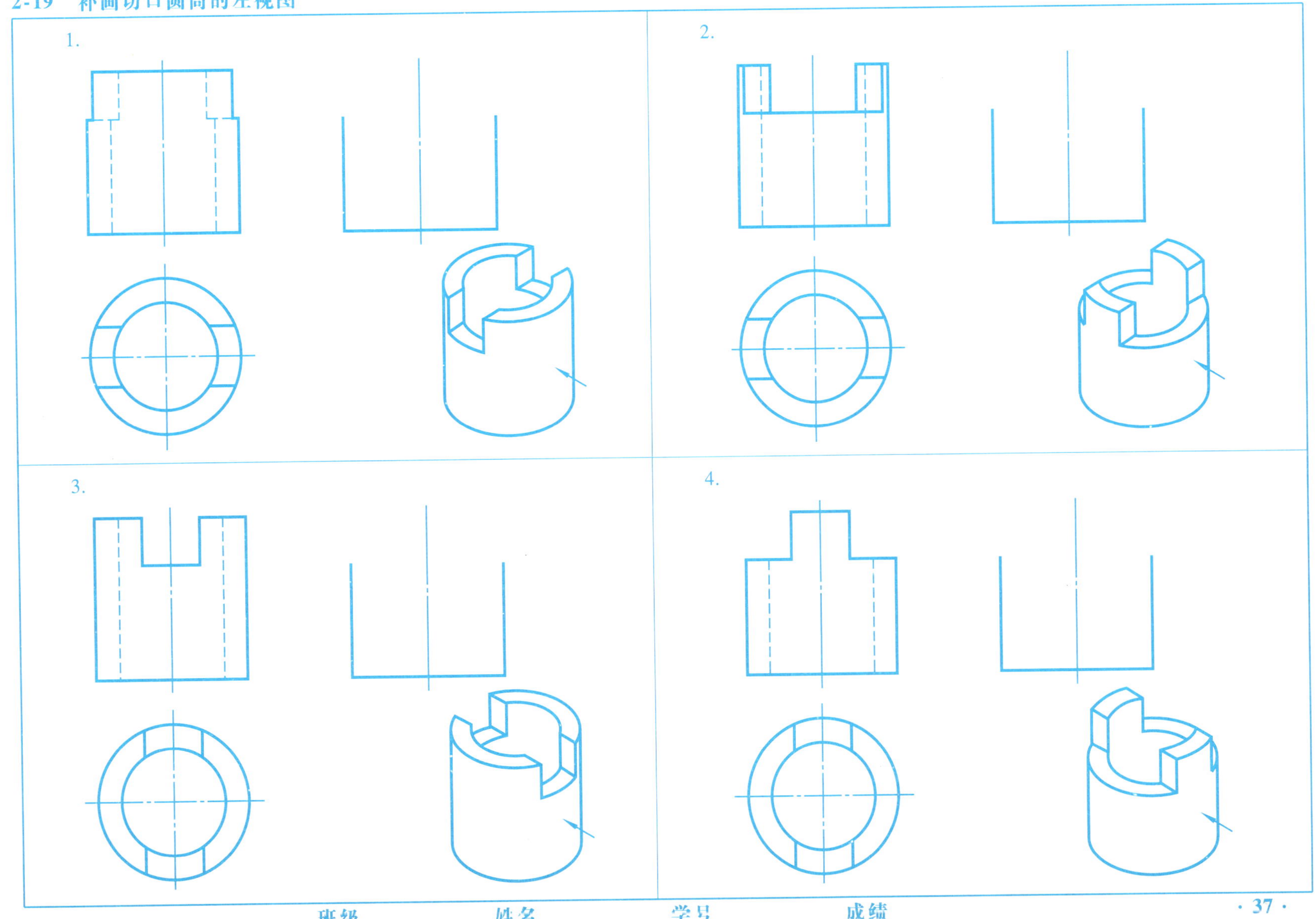

2-20 补画圆台及圆锥的第三视图

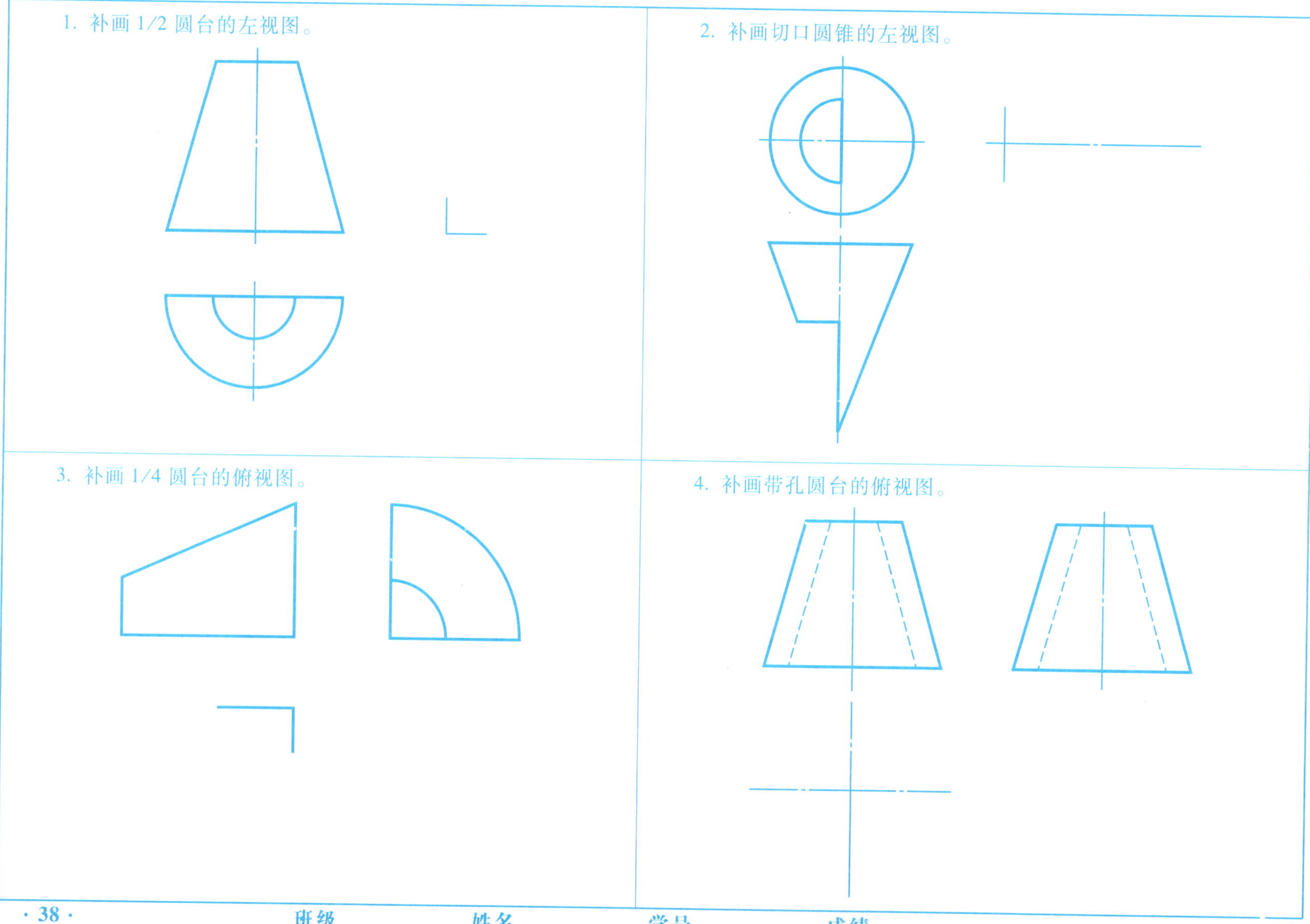

班级　　姓名　　学号　　成绩

2-21 补画切口圆锥的俯视图

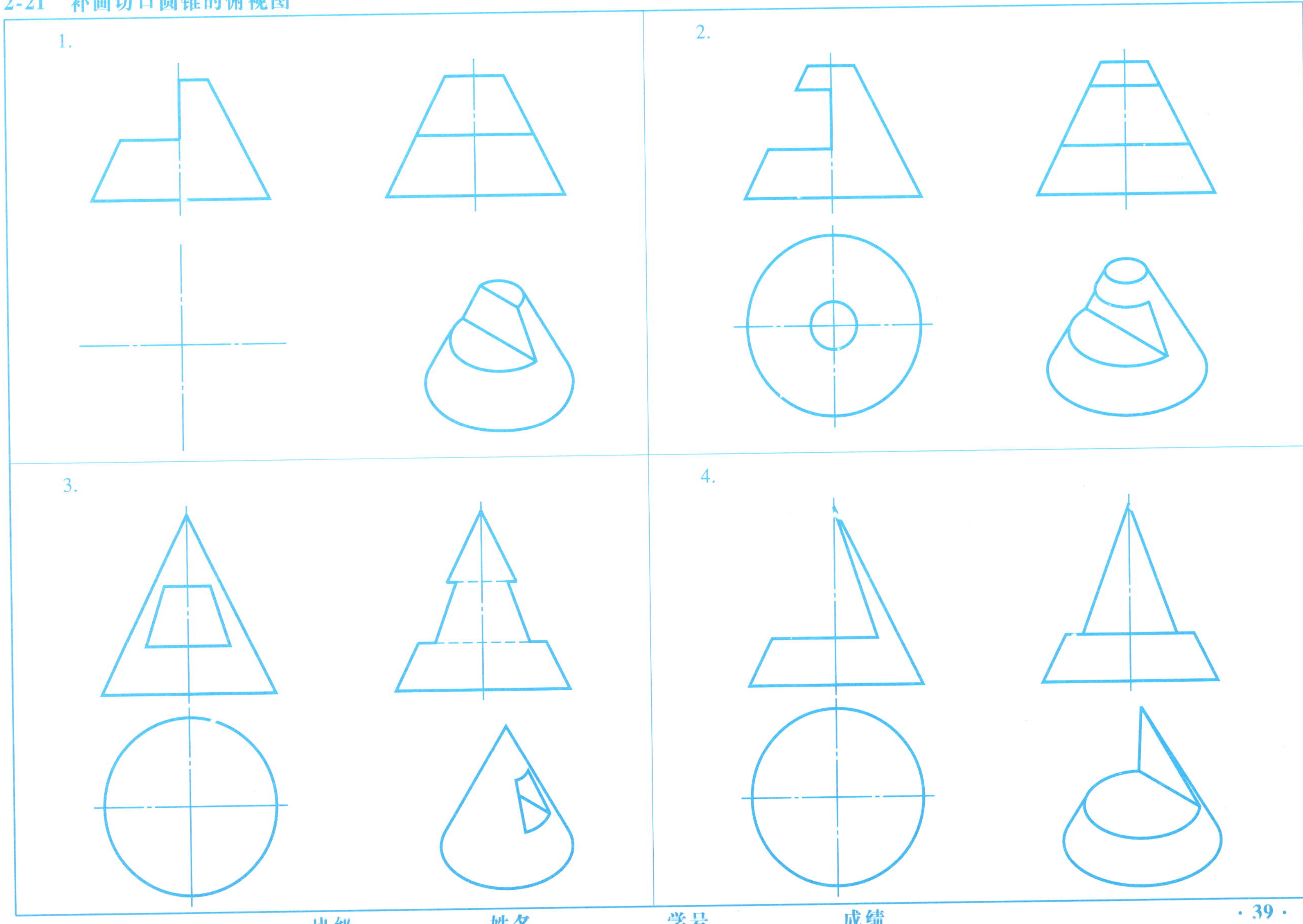

2-22 补画圆球被截切后的第三视图

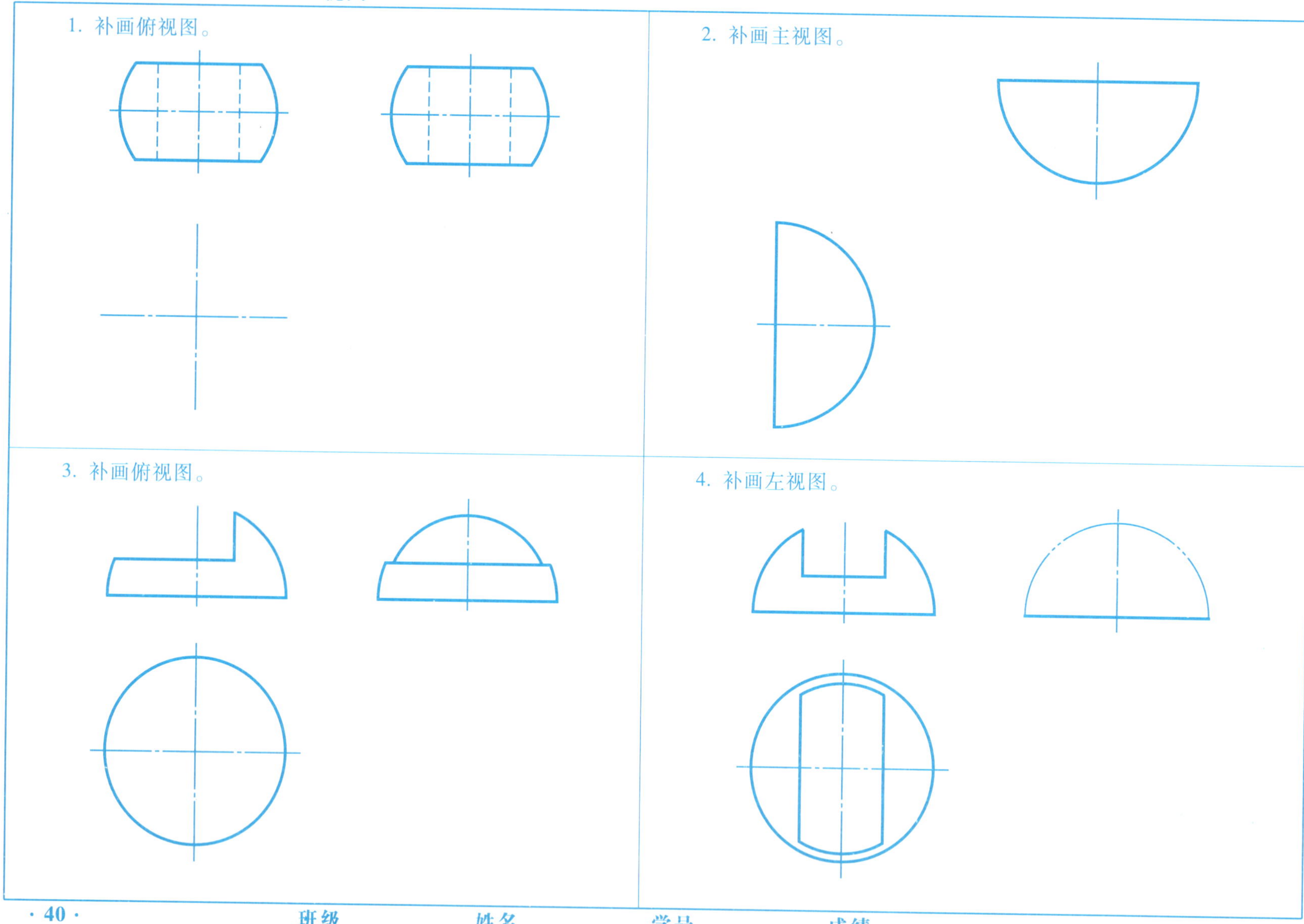

班级　　姓名　　学号　　成绩

2-23 判断图中细点画线是① 对称中心线、② 轴线、③ 既是对称中心线又是轴线，将序号填写在细点画线上

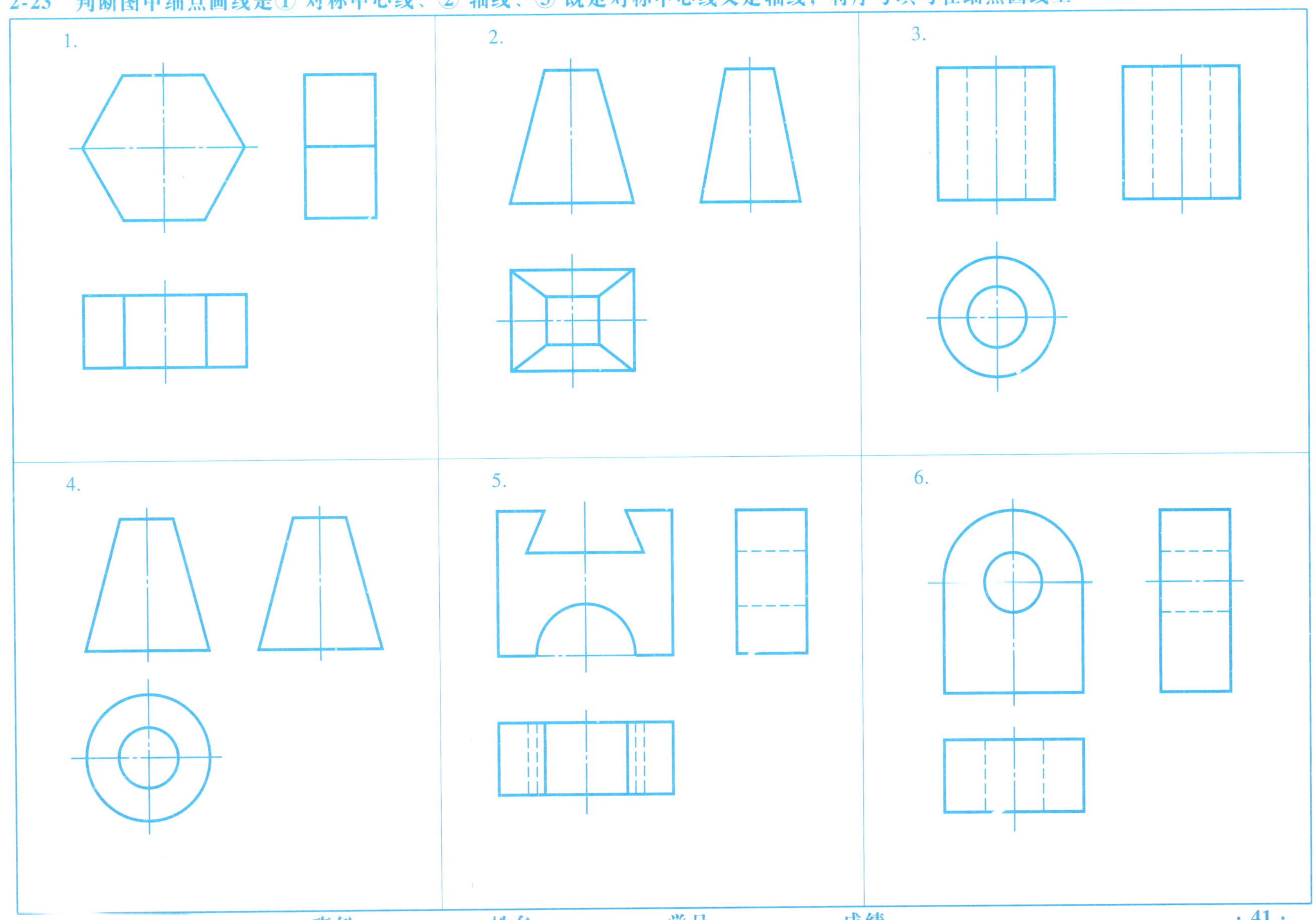

班级 姓名 学号 成绩

2-24 仔细看看尺寸标注的对比图例，避免标注尺寸时犯同样的错误

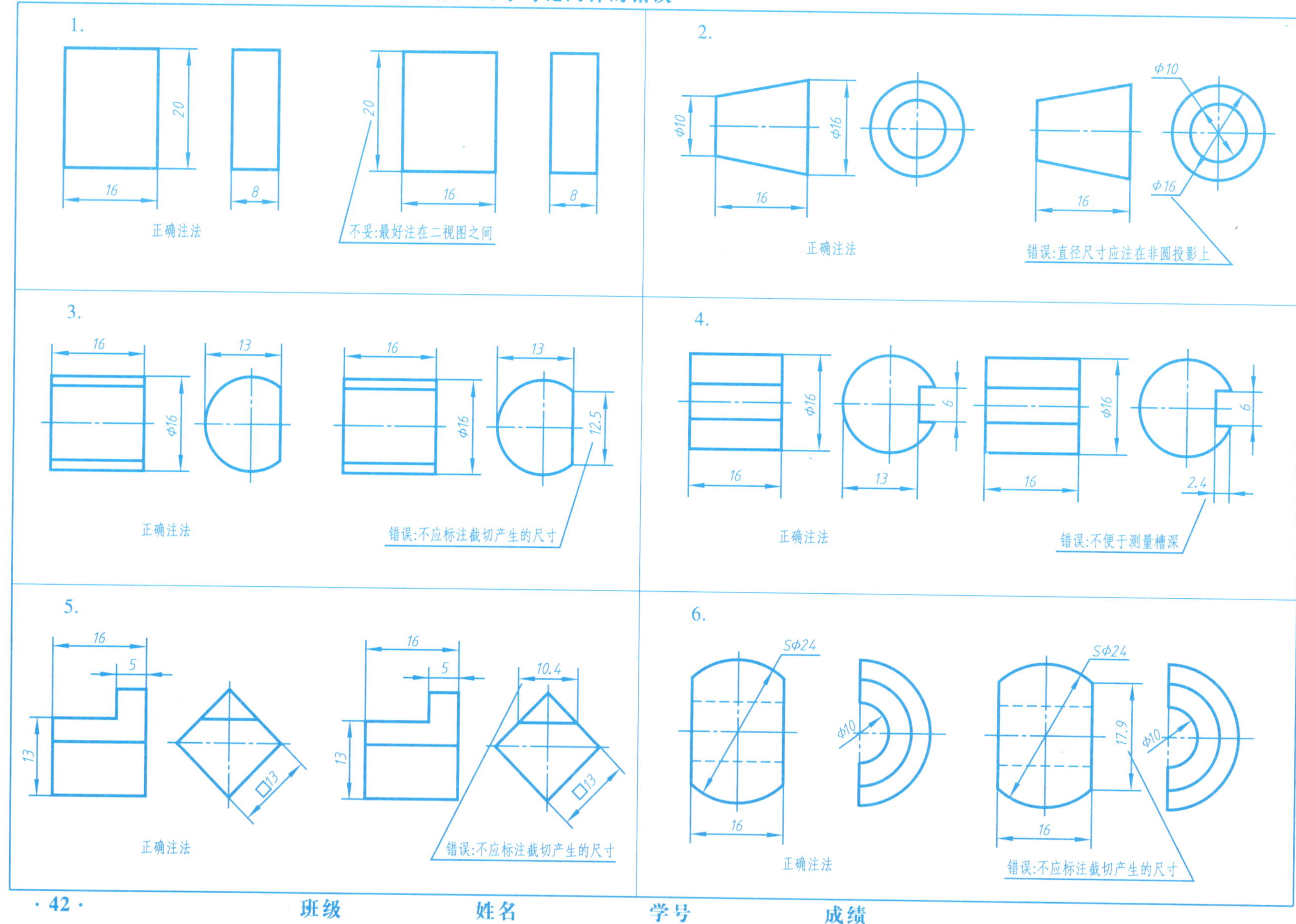

 班级 姓名 学号 成绩

2-25 标注几何体的尺寸（按 1:1 的比例从图中量取，并取整数）

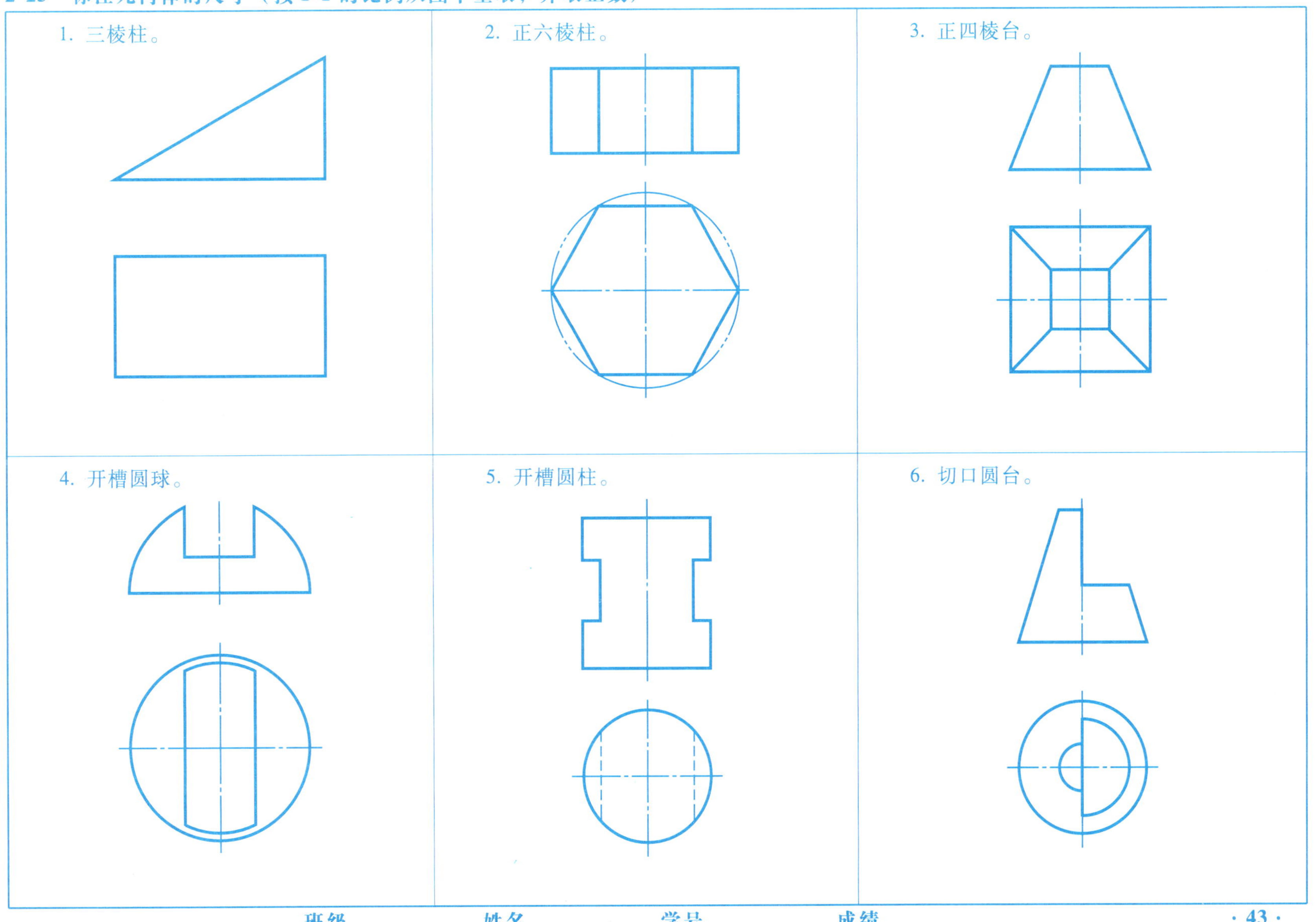

第三章　组　合　体

3-1　参照轴测图，补画视图中所缺的图线（一）

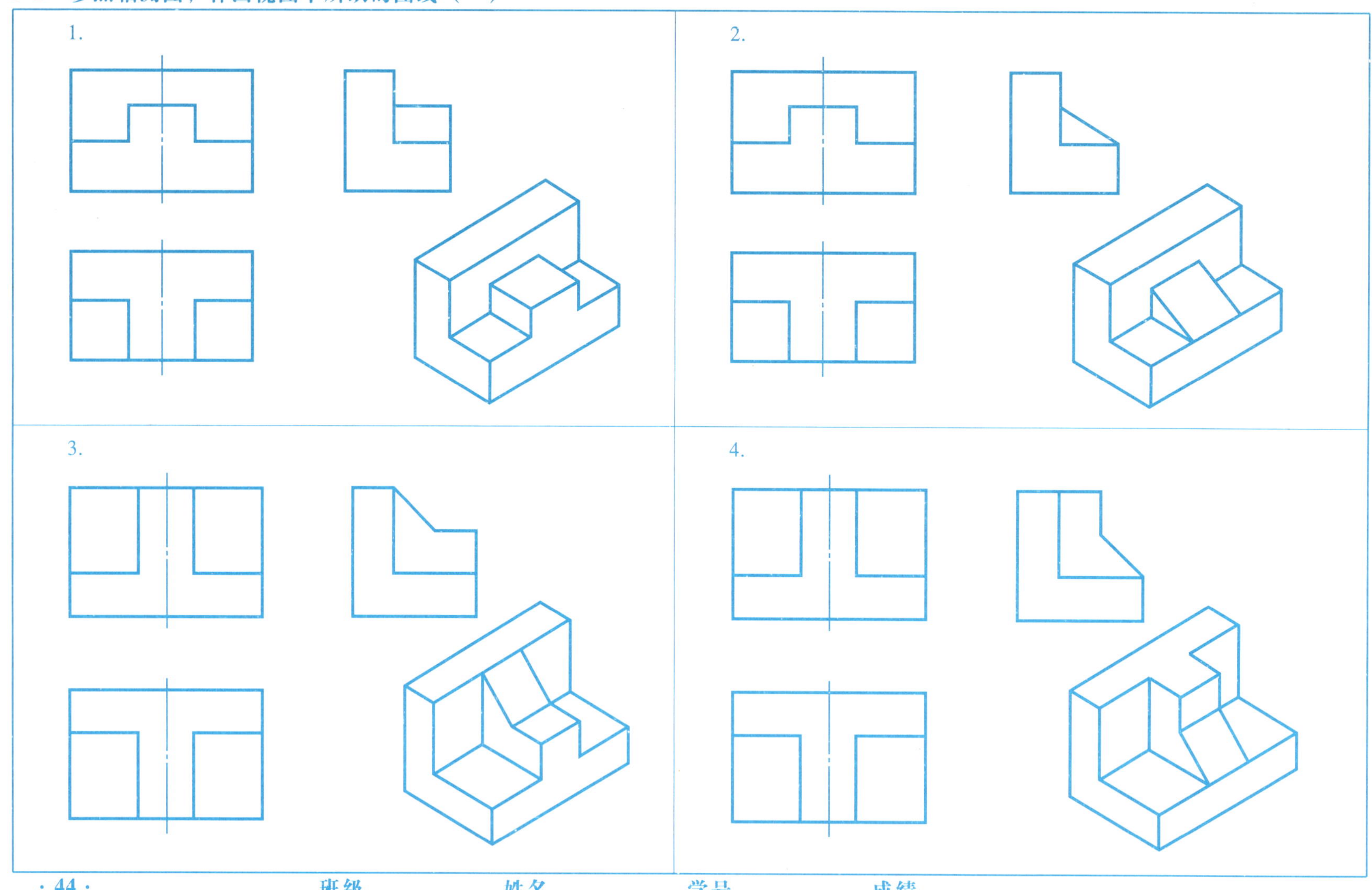

　　班级　　姓名　　学号　　成绩

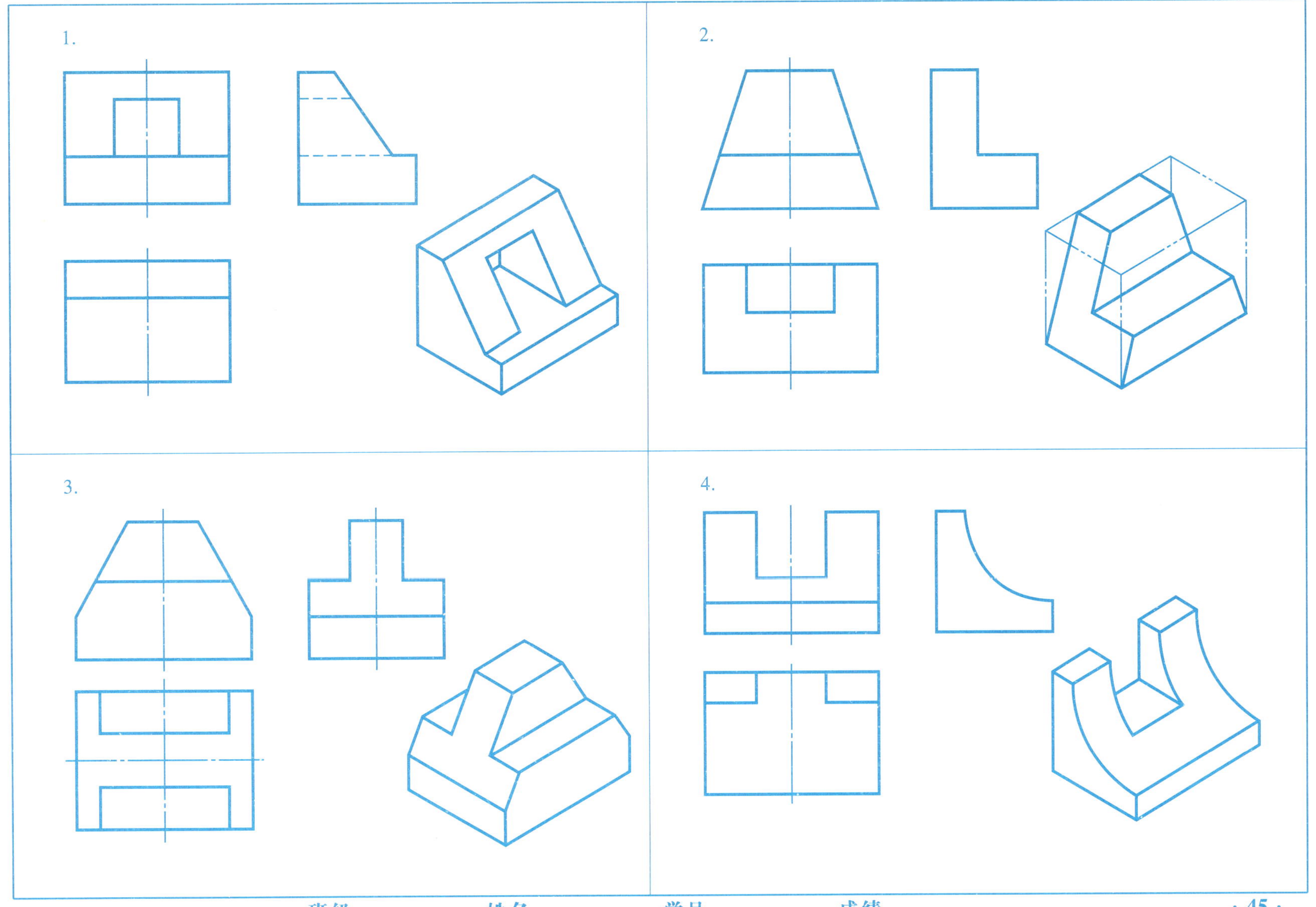

班级　　　　姓名　　　　学号　　　　成绩

3-3 根据组合体的两面视图，参照轴测图，补画第三视图

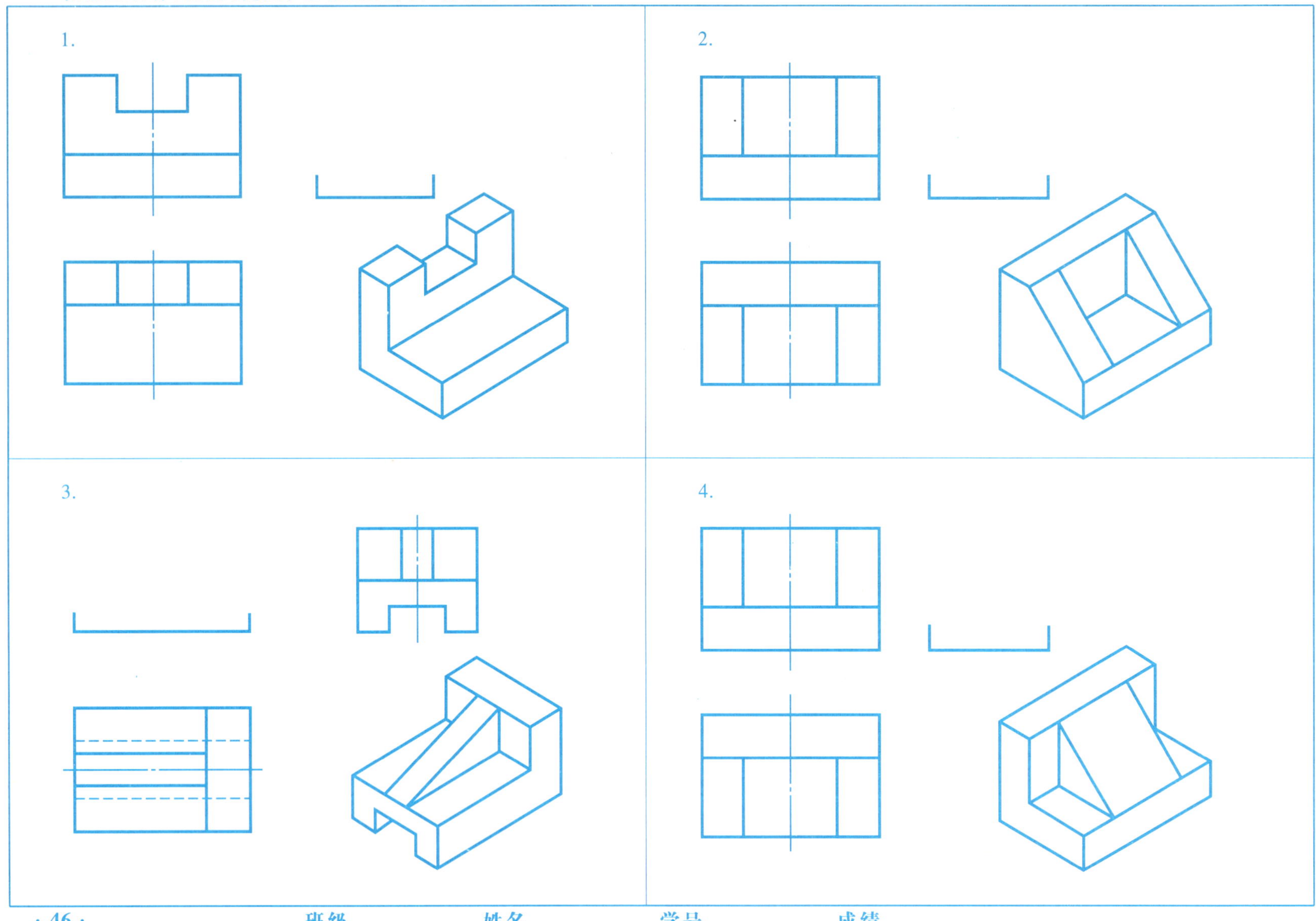

班级　　　　姓名　　　　学号　　　　成绩

3-4 下列9个组合体左视图相同，但主视图不同，请用形体分析法分析它们的构成

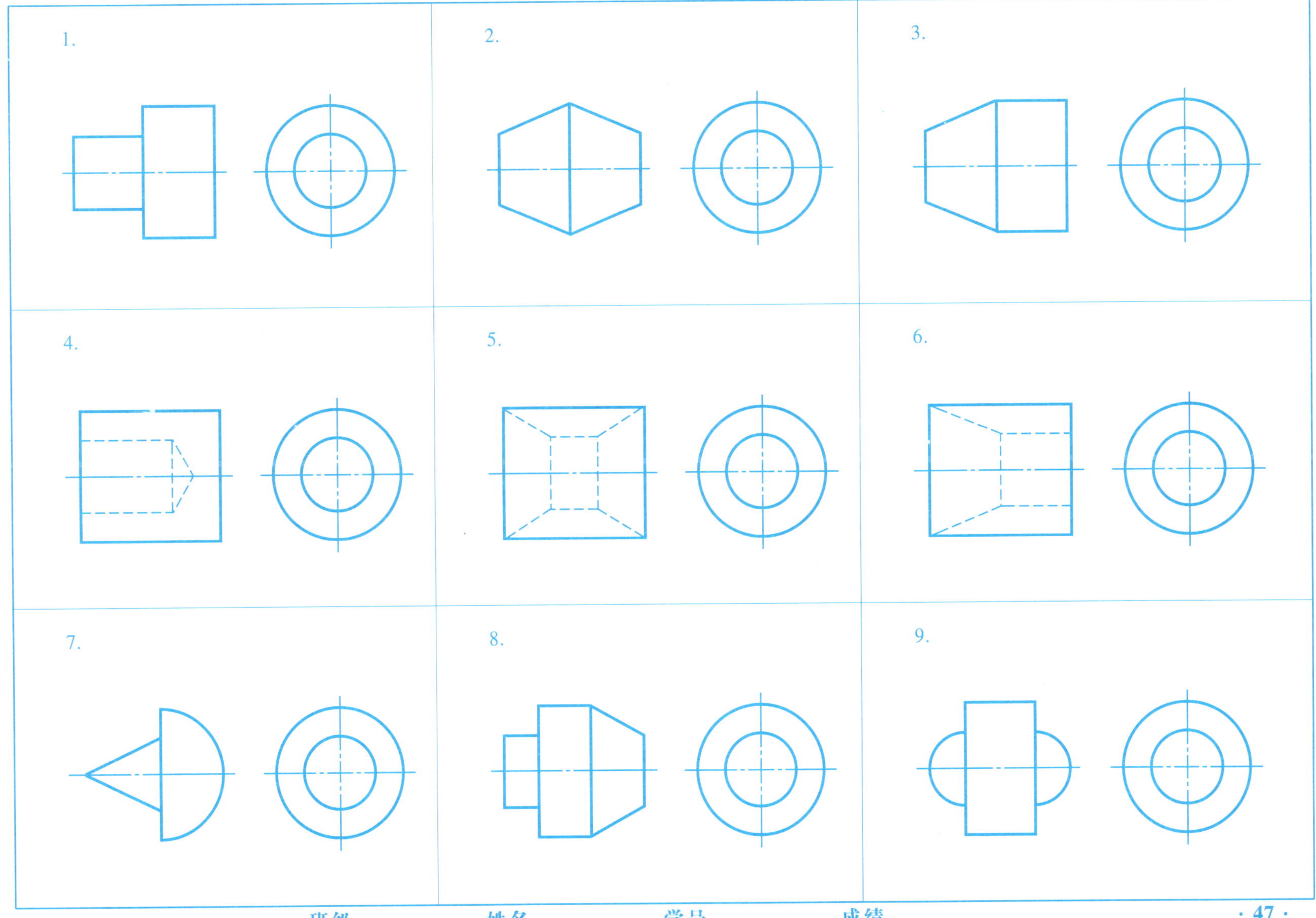

班级　　　　姓名　　　　学号　　　　成绩

3-5 补画主视图中所缺的图线

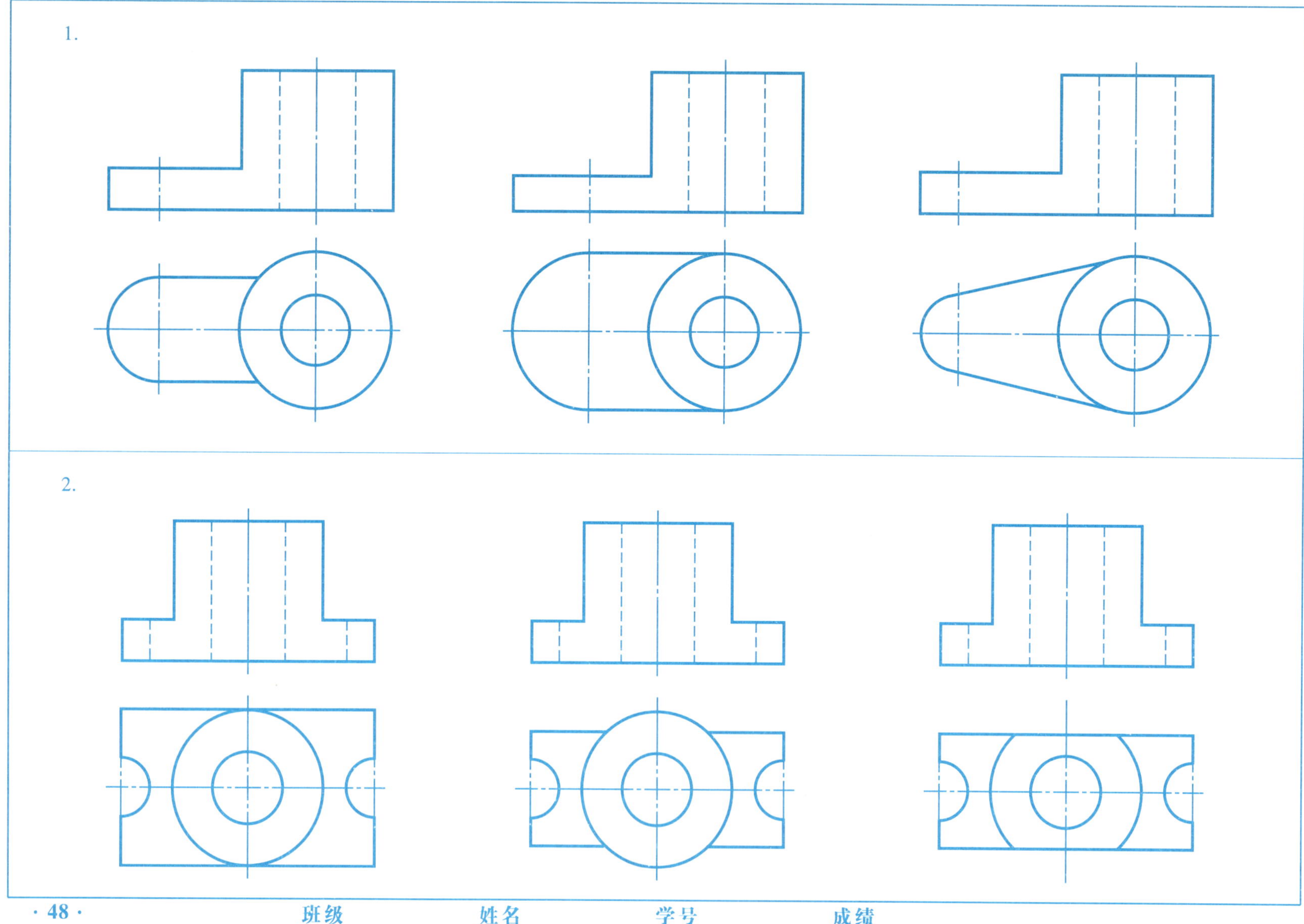

班级　　姓名　　学号　　成绩

3-6 判别组合体的组合形式（是相交还是相切?）并补画所缺的图线

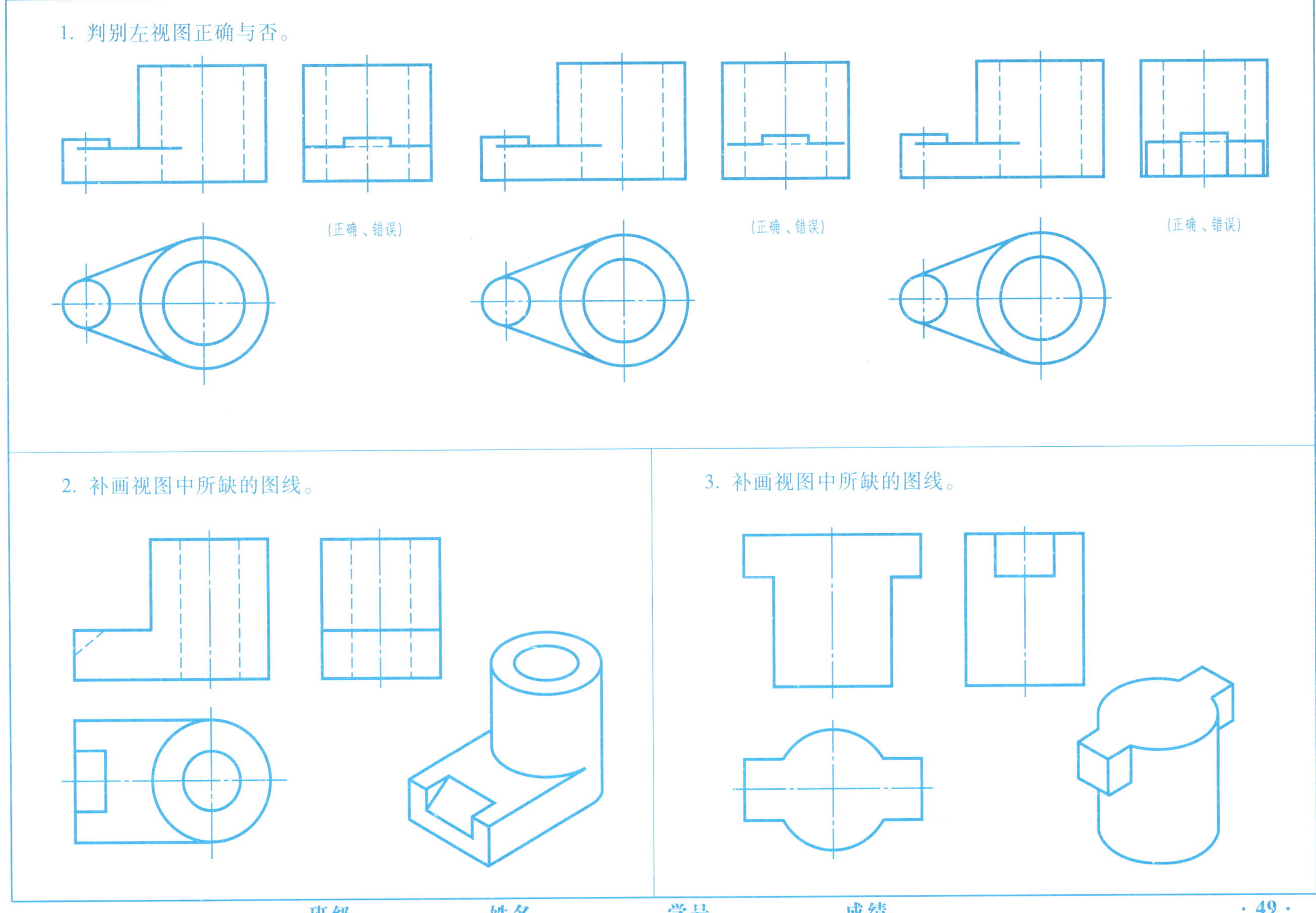

班级　　　　姓名　　　　学号　　　　成绩

3-7 用简化画法补全相贯线的投影（一）

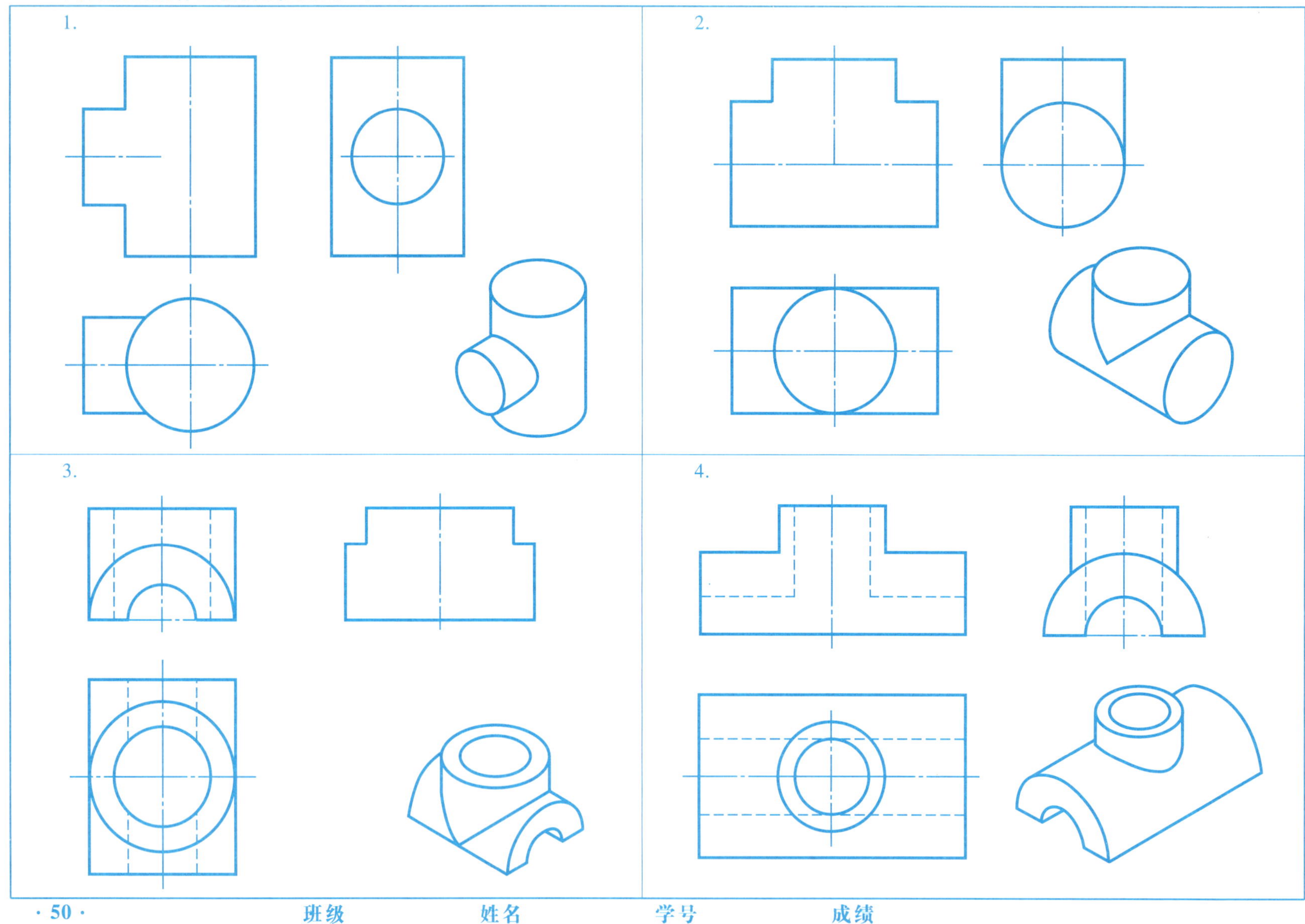

班级　　　　姓名　　　　学号　　　　成绩

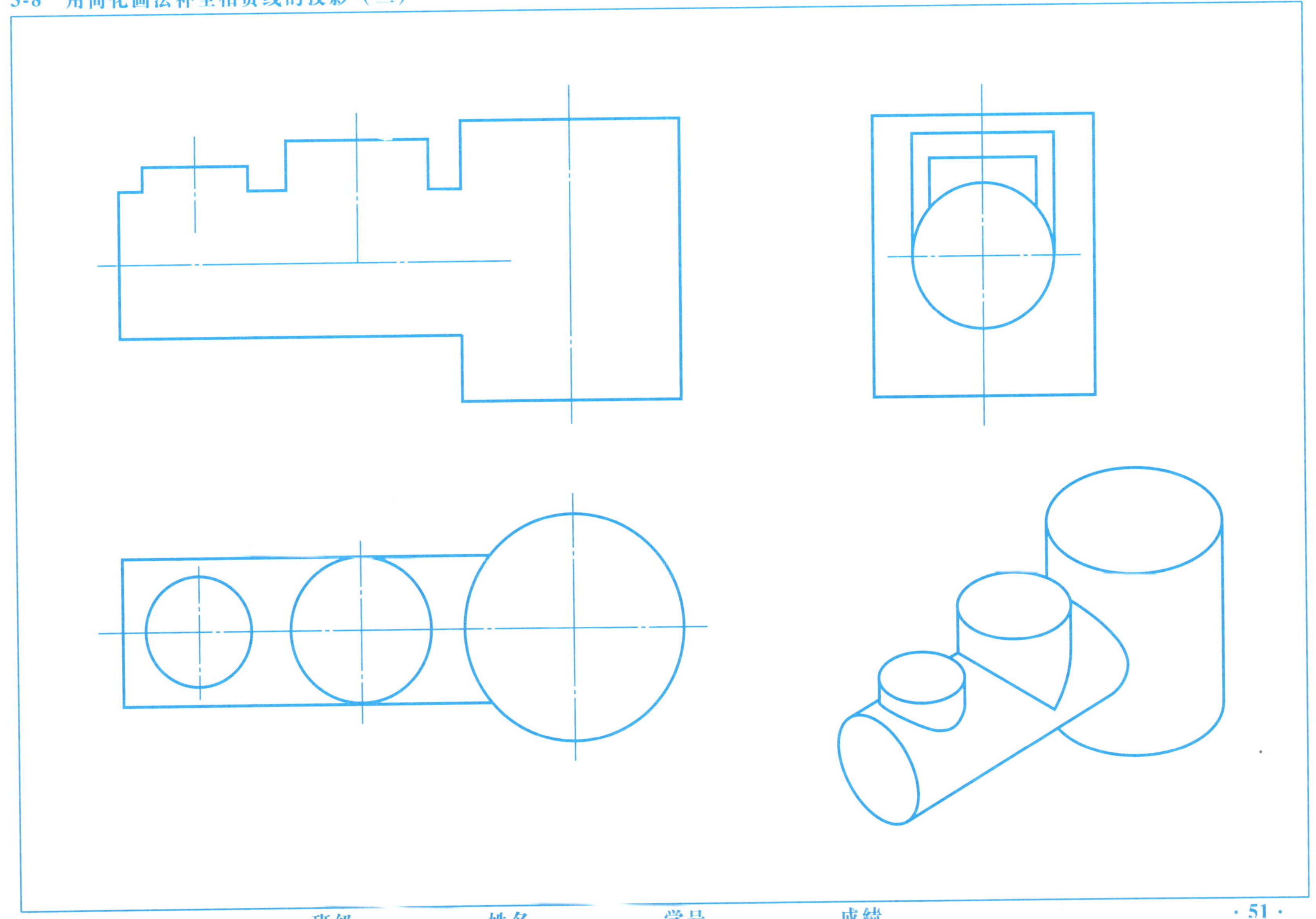

班级 姓名 学号 成绩

3-9 补画俯视图中的漏线

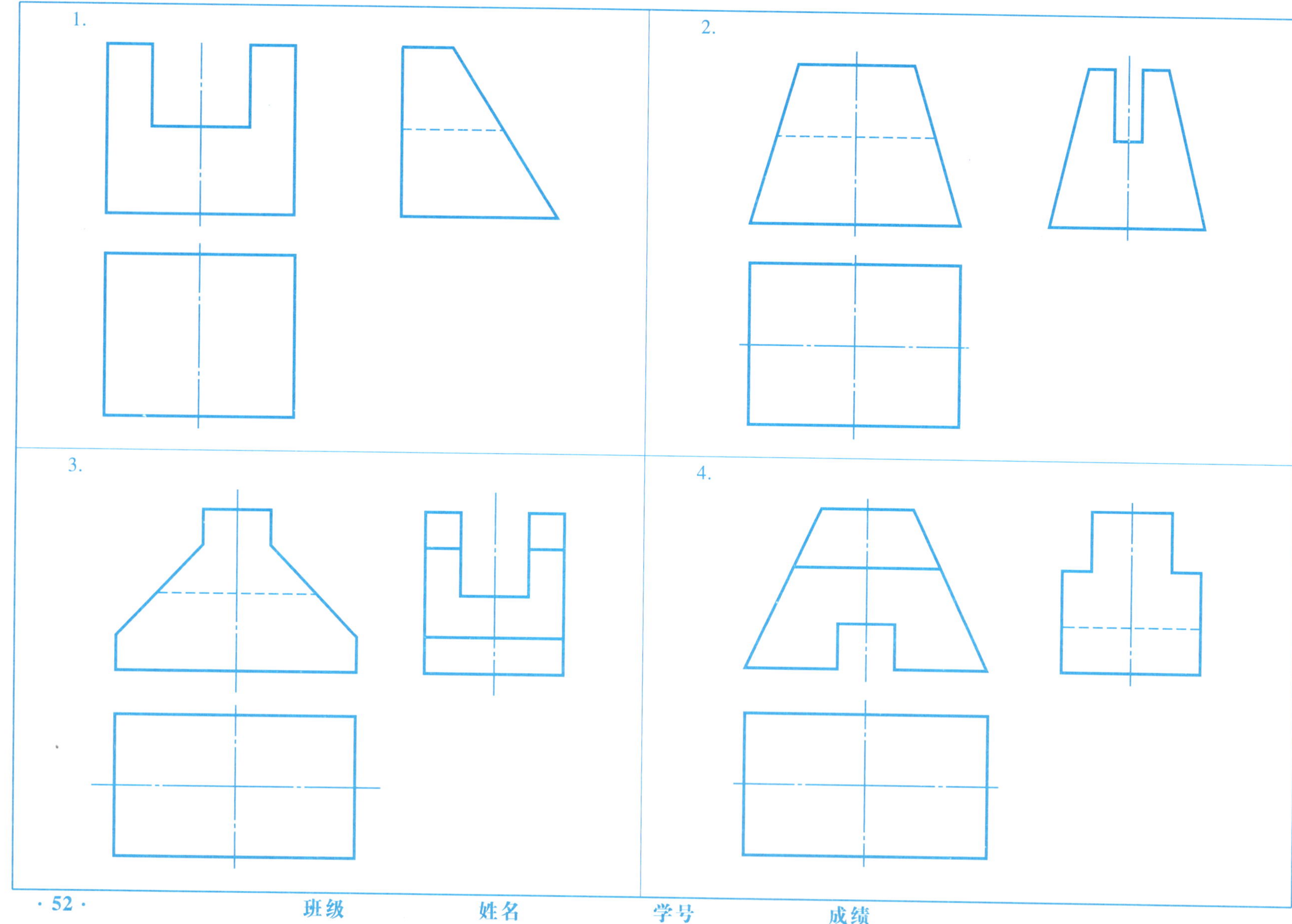

班级　　姓名　　学号　　成绩

3-10 根据轴测图按1:1的比例画出三视图，不标注尺寸

1.

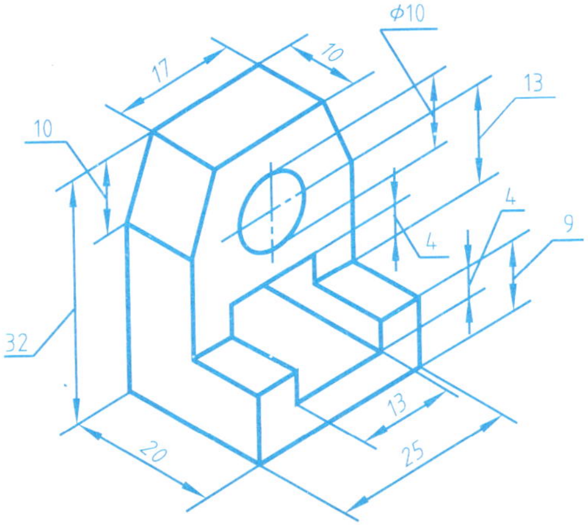

2.

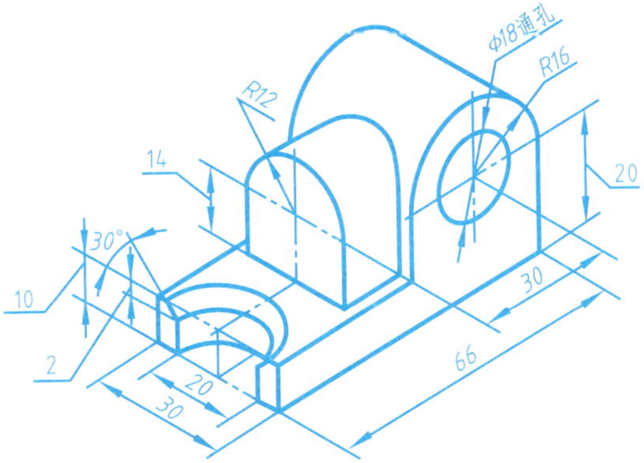

3-11 用箭头线（↗）标出三个方向的尺寸基准；补全视图中遗漏的尺寸（按 1:1 从图中量取，并取整数）

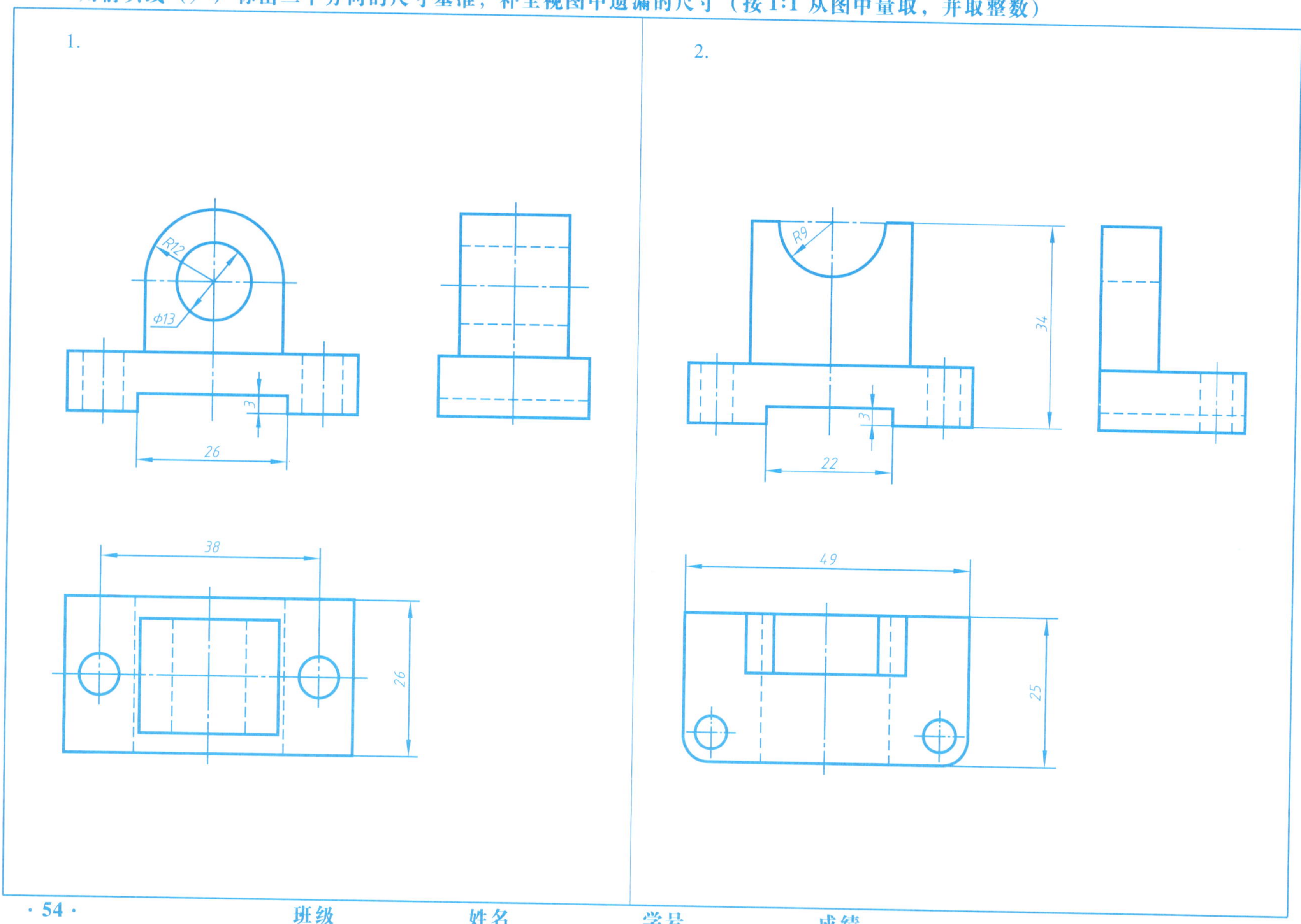

班级 姓名 学号 成绩

3-12 用箭头线（↗）标出三个方向的尺寸基准；对重复、错误尺寸画“×”，标注遗漏的尺寸（省略尺寸数值）

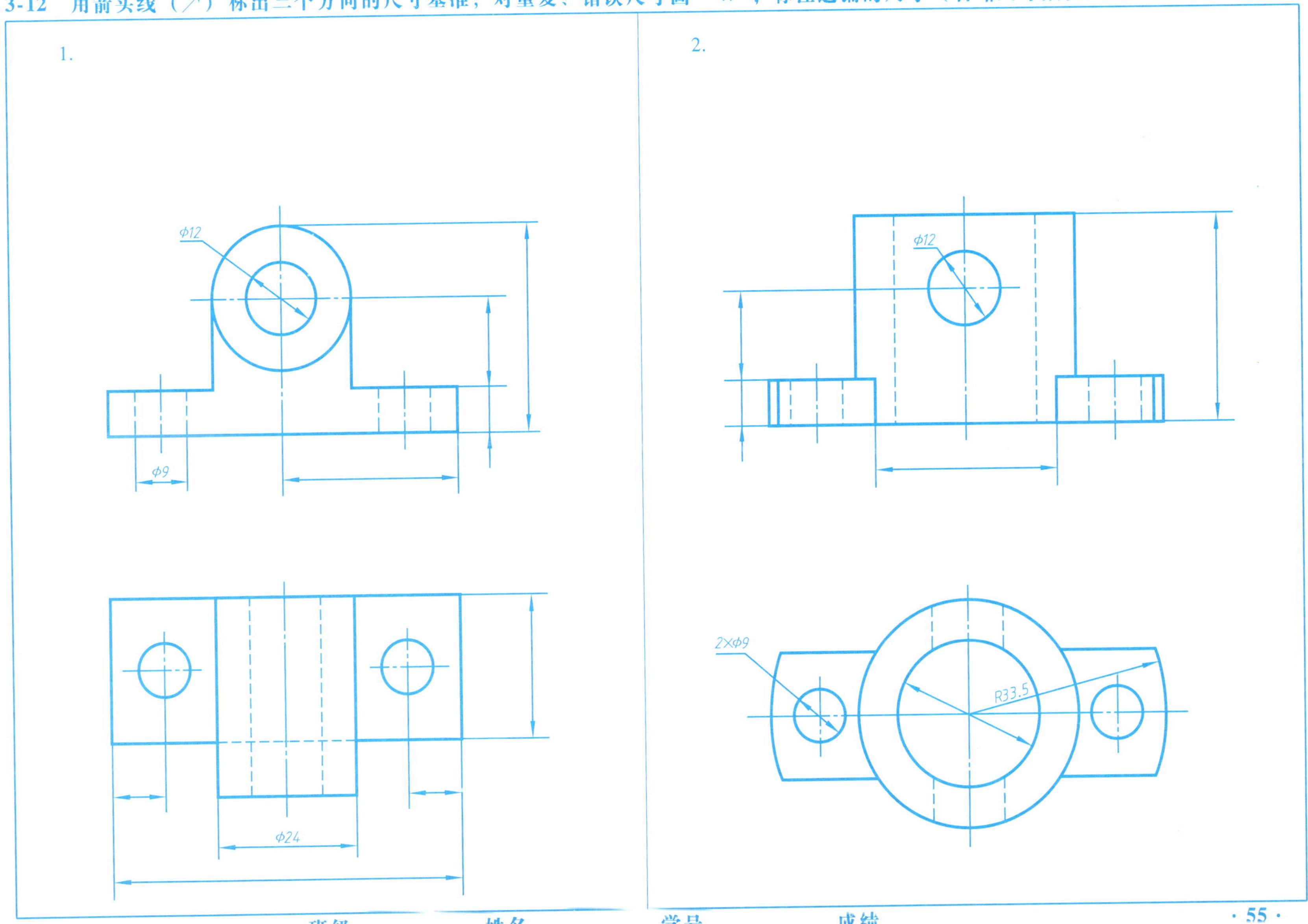

3-13　先标注立板、三角形肋板和底板的尺寸，再标注组合体的尺寸（按1:1的比例从图中量取，并取整数）

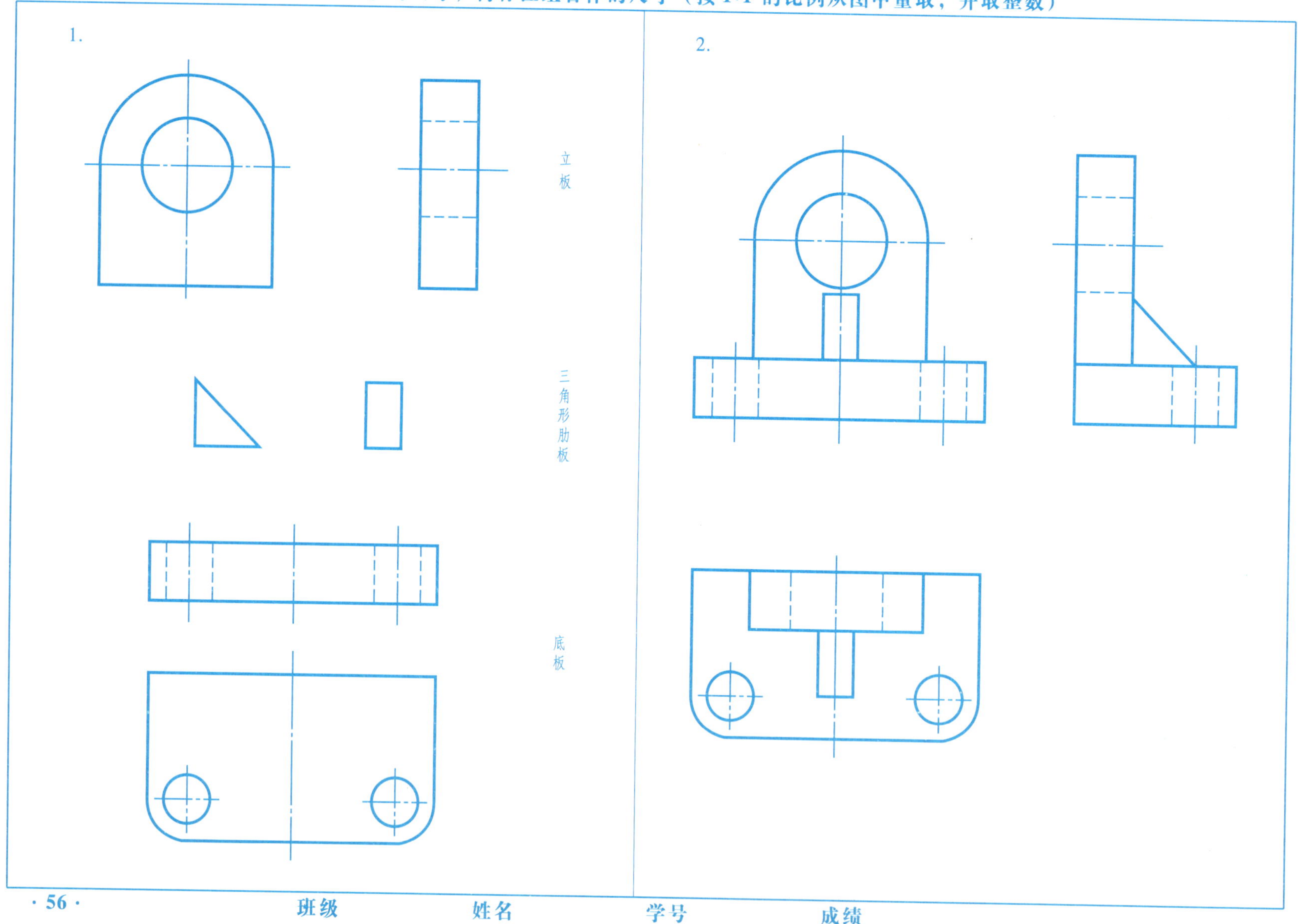

班级　　姓名　　学号　　成绩

3-14 标注组合体尺寸，尺寸数值按 1:1 从图中量取，并取整数（一）

1.

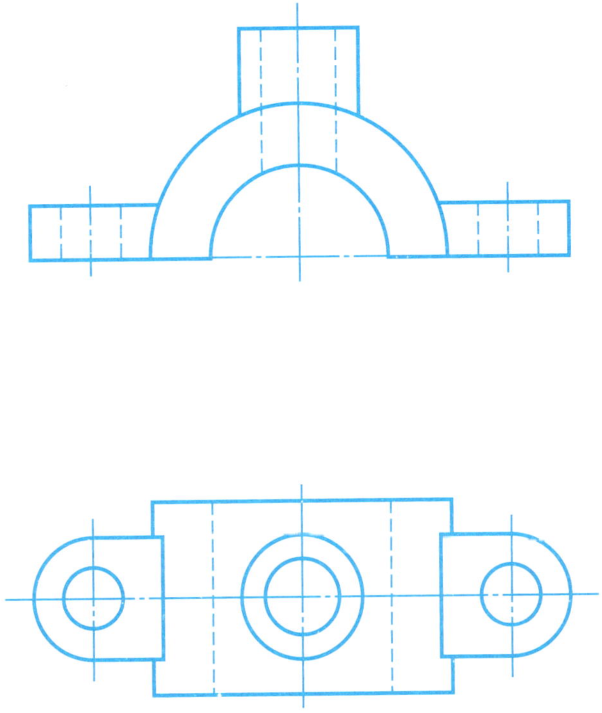

2.

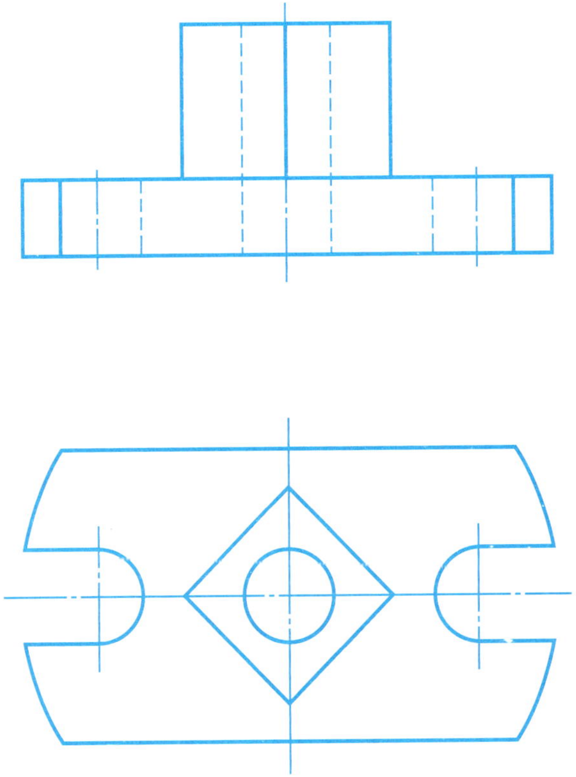

3-15 标注组合体尺寸，尺寸数值按1:1从图中量取，并取整数（二）

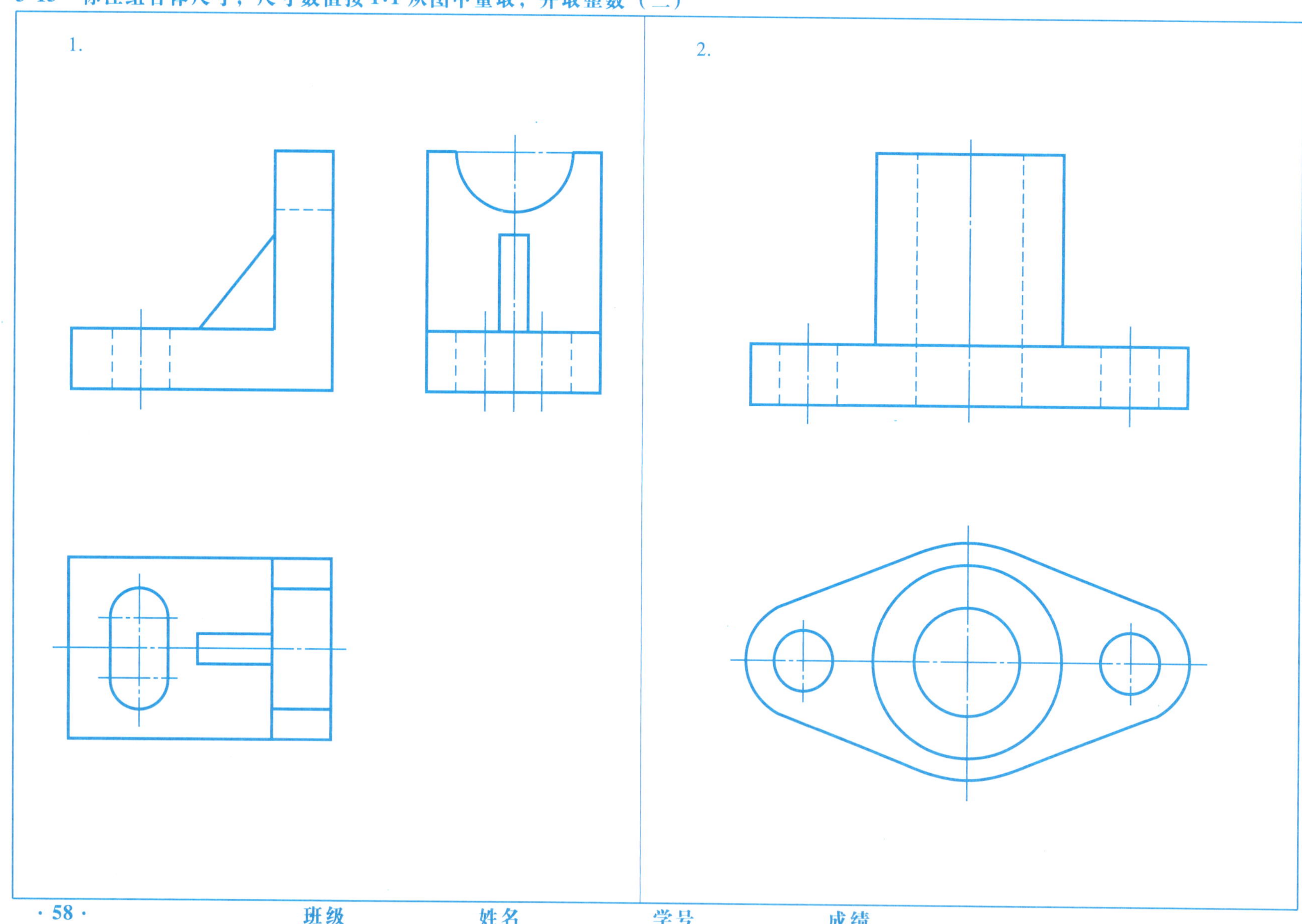

班级　　姓名　　学号　　成绩

3-16 检查各视图中尺寸标注是否正确（将标注错误的尺寸画×），修改标注不妥的尺寸

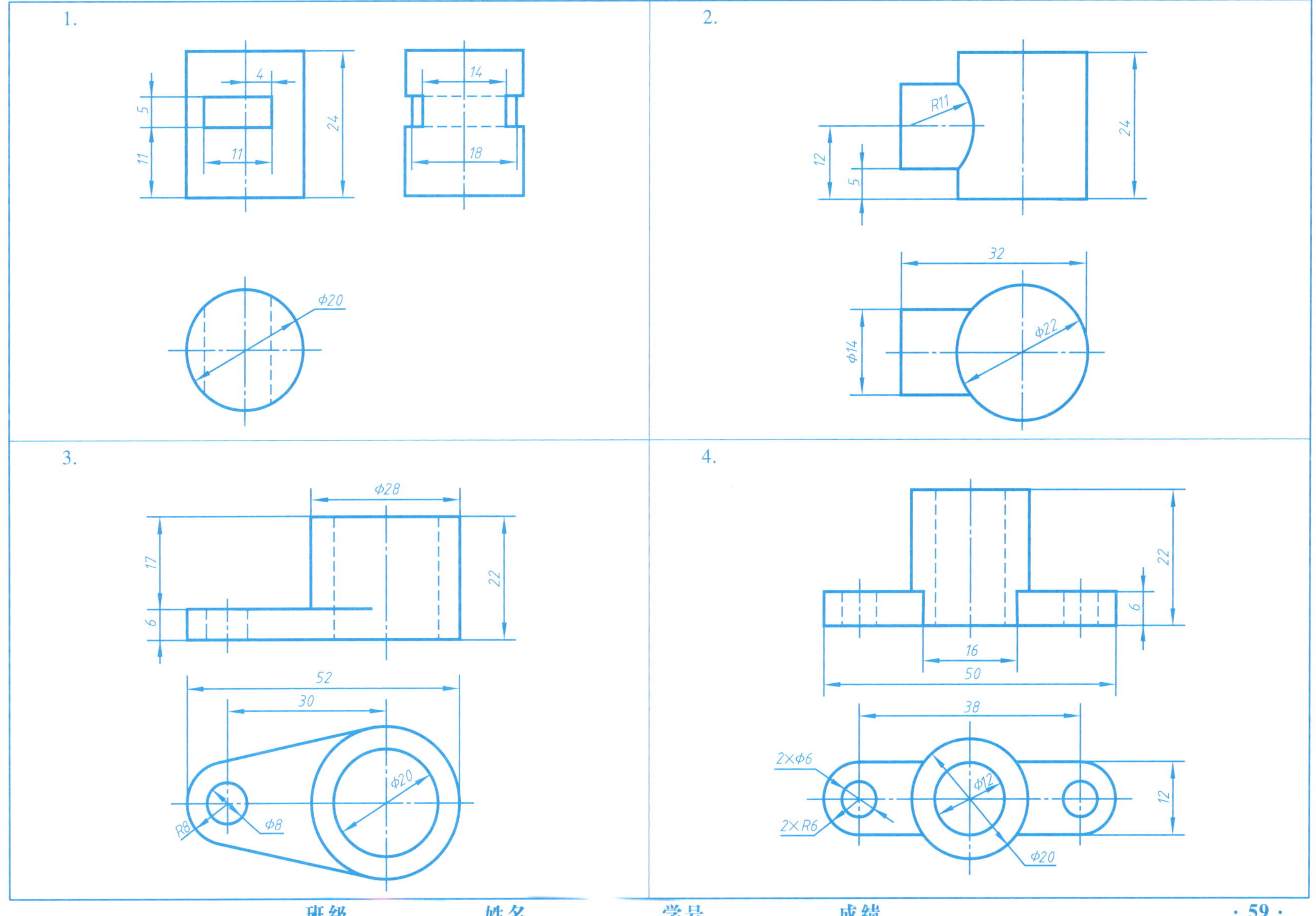

№3 作业指导书

一、作业目的

1. 掌握根据组合体模型（或轴测图）画三视图的方法，提高尺规绘图技能。

2. 熟悉组合体视图的尺寸注法。

二、内容和要求

1. 根据组合体模型（或轴测图）画三视图，并标注尺寸。

2. 用 A3 或 A4 图纸，自己选定绘图比例。

三、作图步骤

1. 运用形体分析法分析组合体的组成部分，以及各组成部分之间的相对位置和组合关系。

2. 选取主视图的投射方向。所选的主视图应能明显地表达组合体的形状特征。

3. 画底稿（底稿线要细而轻）。

4. 检查底稿，修正错误，擦掉多余图线。

5. 依次描深图线；标注尺寸；填写标题栏。

四、注意事项

1. 图形布置要匀称，留出标注尺寸的位置。先依据图纸幅面、绘图比例和组合体的总体尺寸大致布图，再画出作图基准线（如组合体的底面或顶面、端面的投影，对称中心线等），确定三个视图的具体位置。

2. 正确运用形体分析法，按组合体的组成部分，一部分一部分地画。每一部分都应按其长、宽、高在三个视图上同步画底稿，以提高绘图速度。切忌先画出一个完整的视图，再画另一个视图。

3. 标注尺寸时，不能照搬轴测图上的尺寸注法，应按标注三类尺寸的要求进行。所注的尺寸必须完整、布置清晰。

五、图例

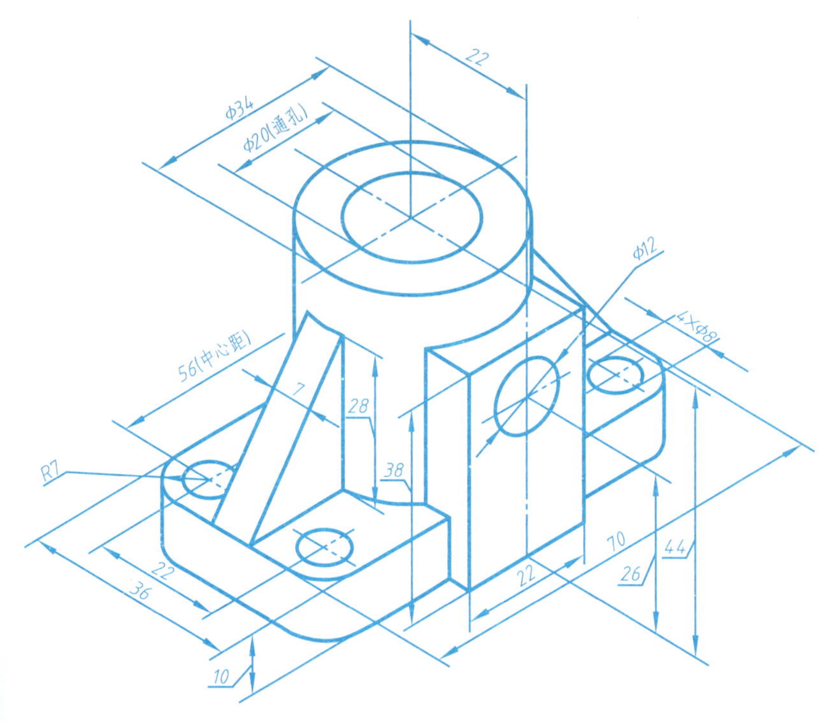

3-18 组合体三视图作业图例

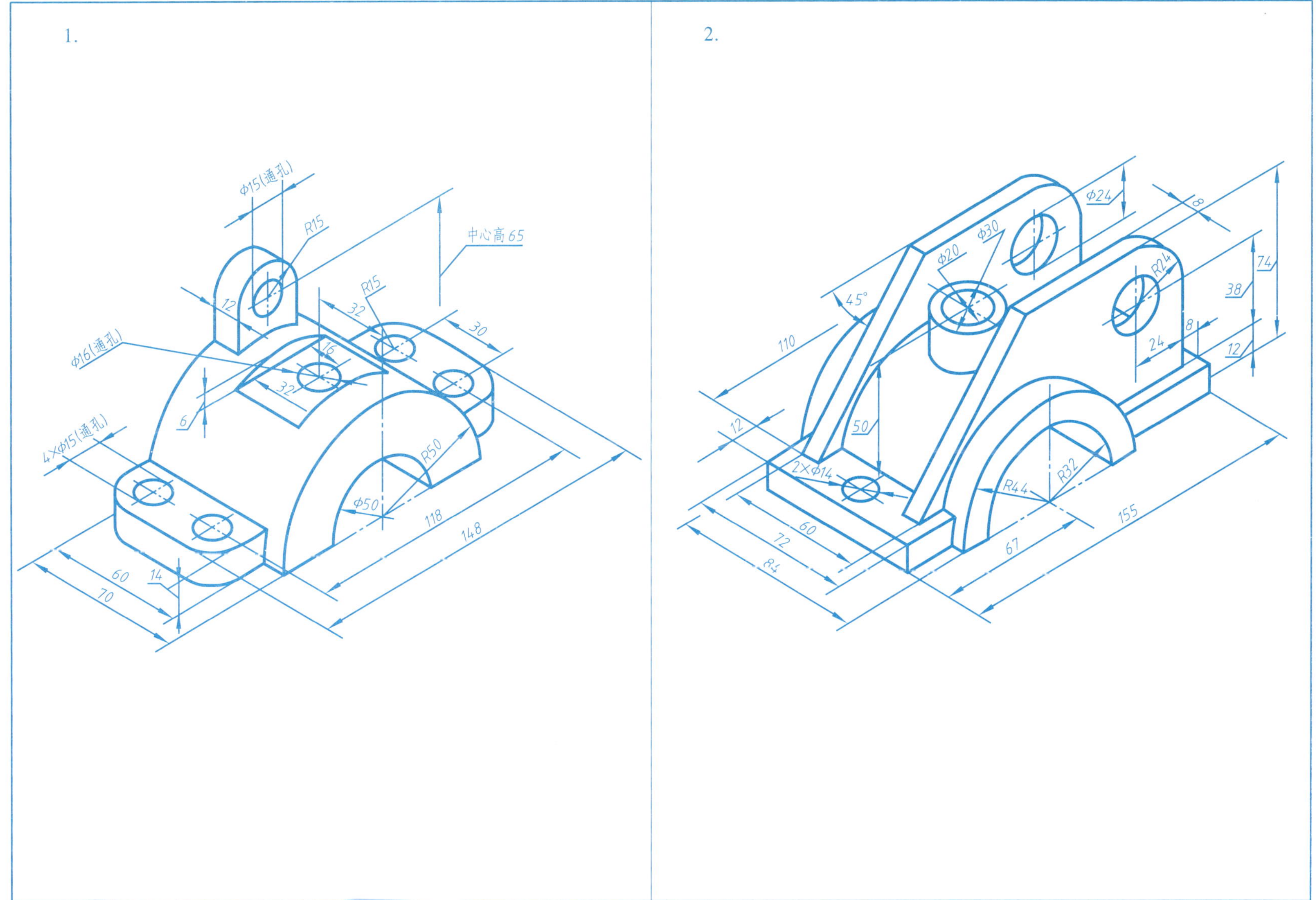

3-19 选择正确的视图

1. 选择正确的左视图，在扩号内画√。

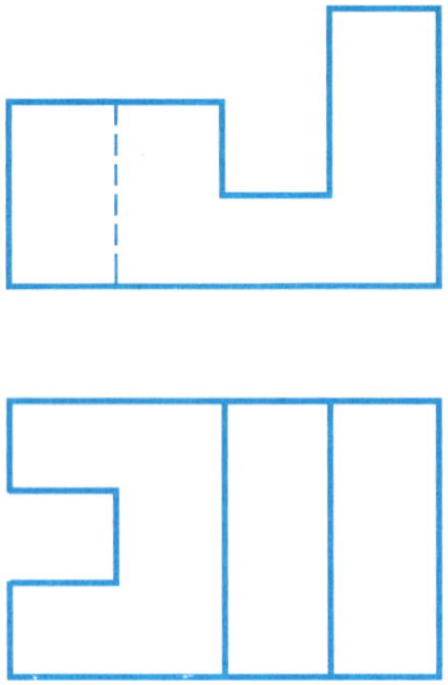

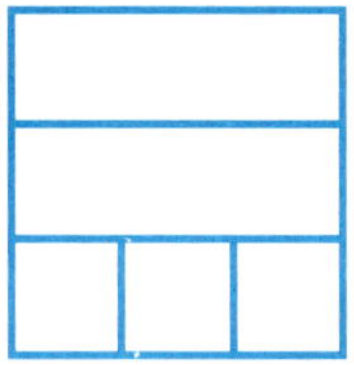

(　)　　(　)　　(　)　　(　)

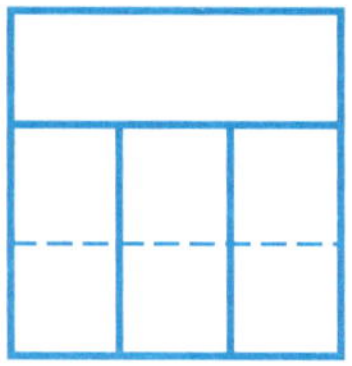

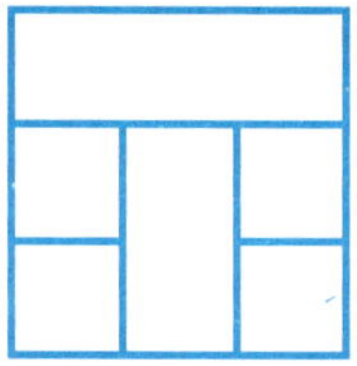

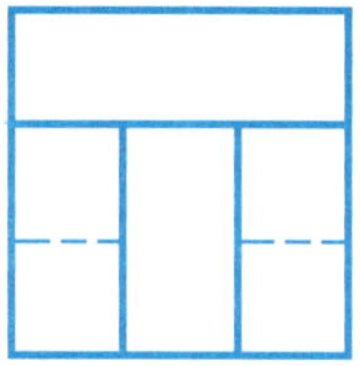

2. 选择与主、俯视图对应的左视图，将其编号填入扩号内。

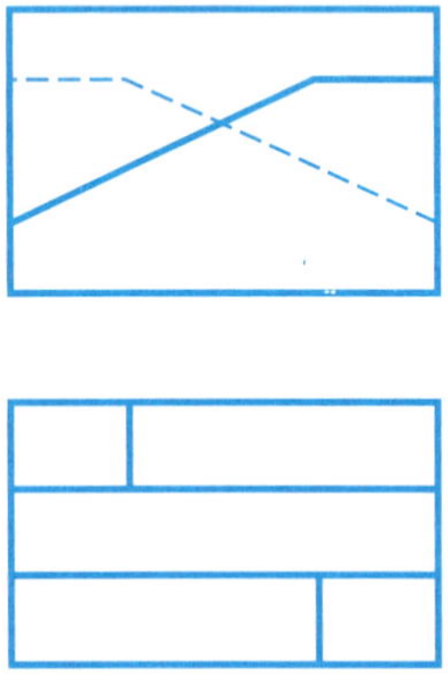

(　)　　(　)　　(　)

(1) 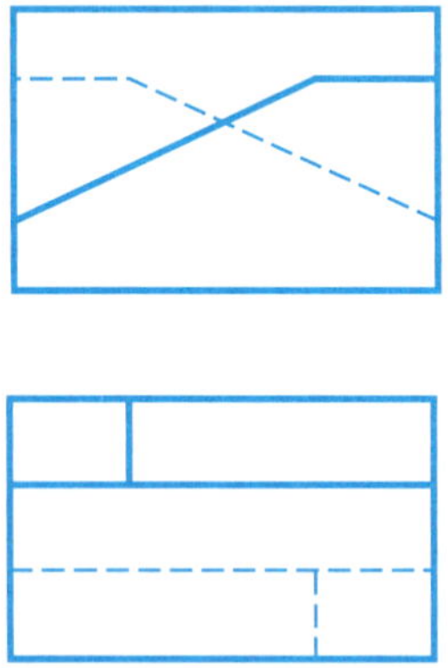　　(2) 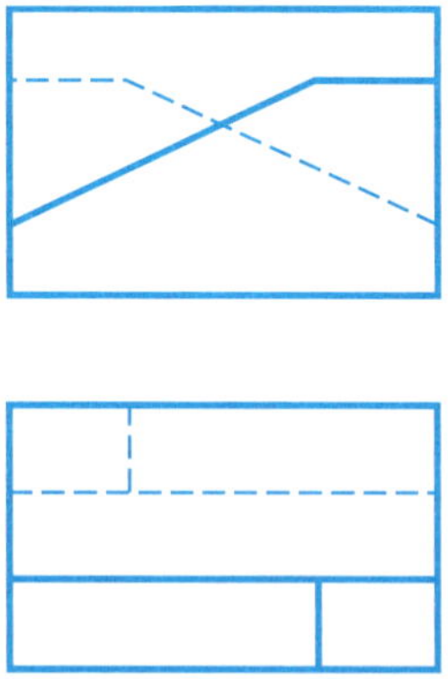　　(3)

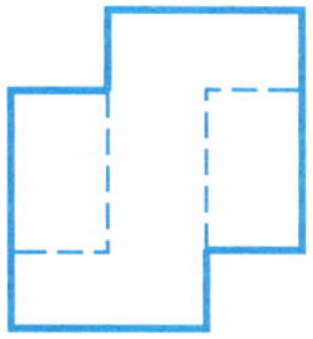

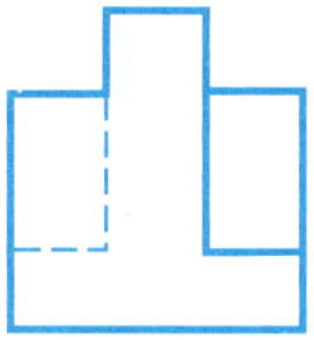

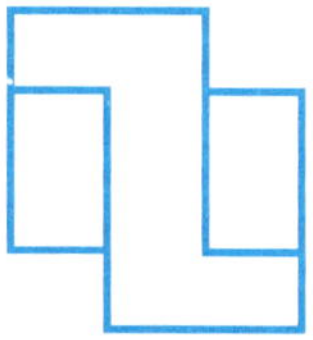

3-20 补画第三视图（一）

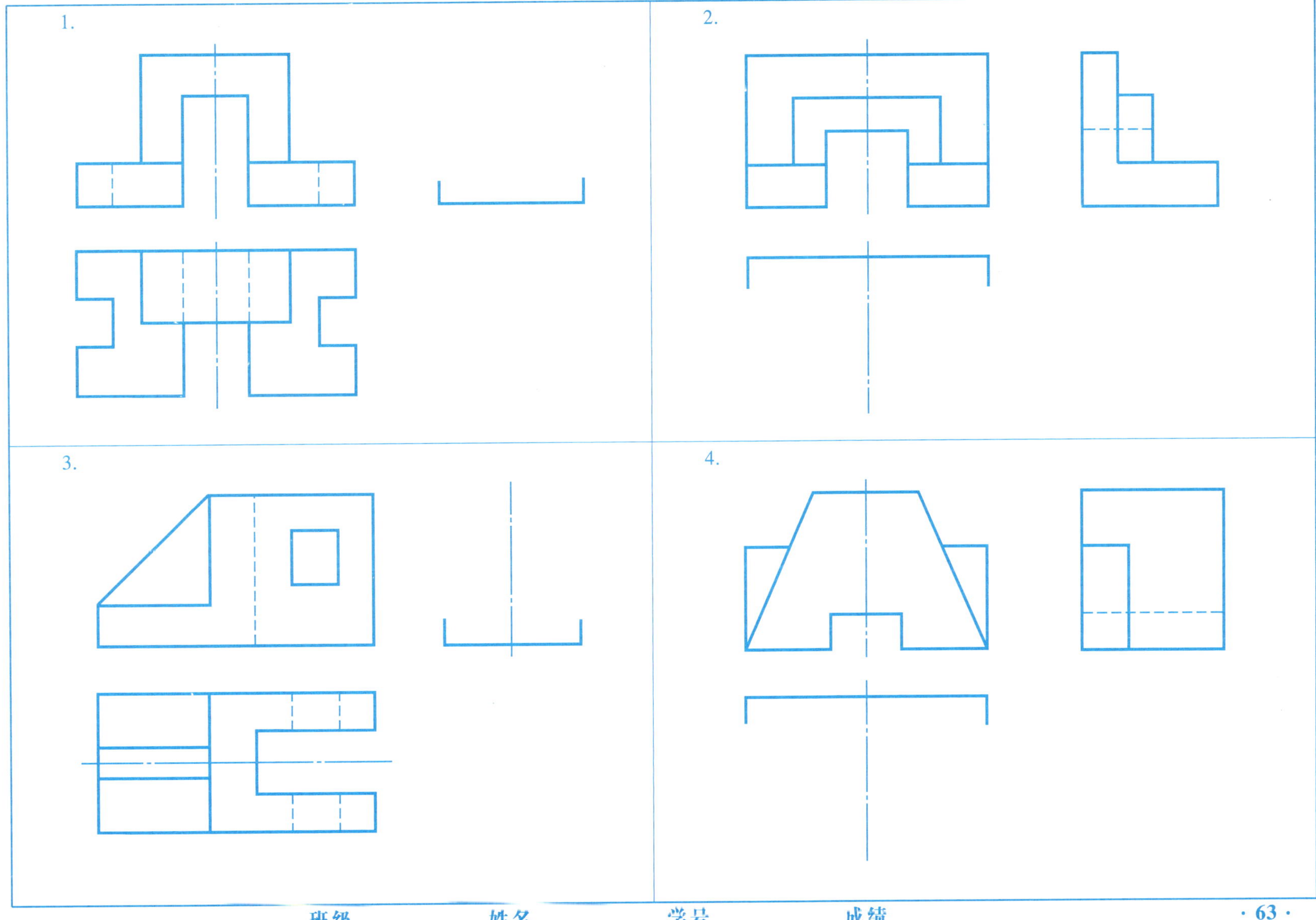

3-21 补画第三视图（二）

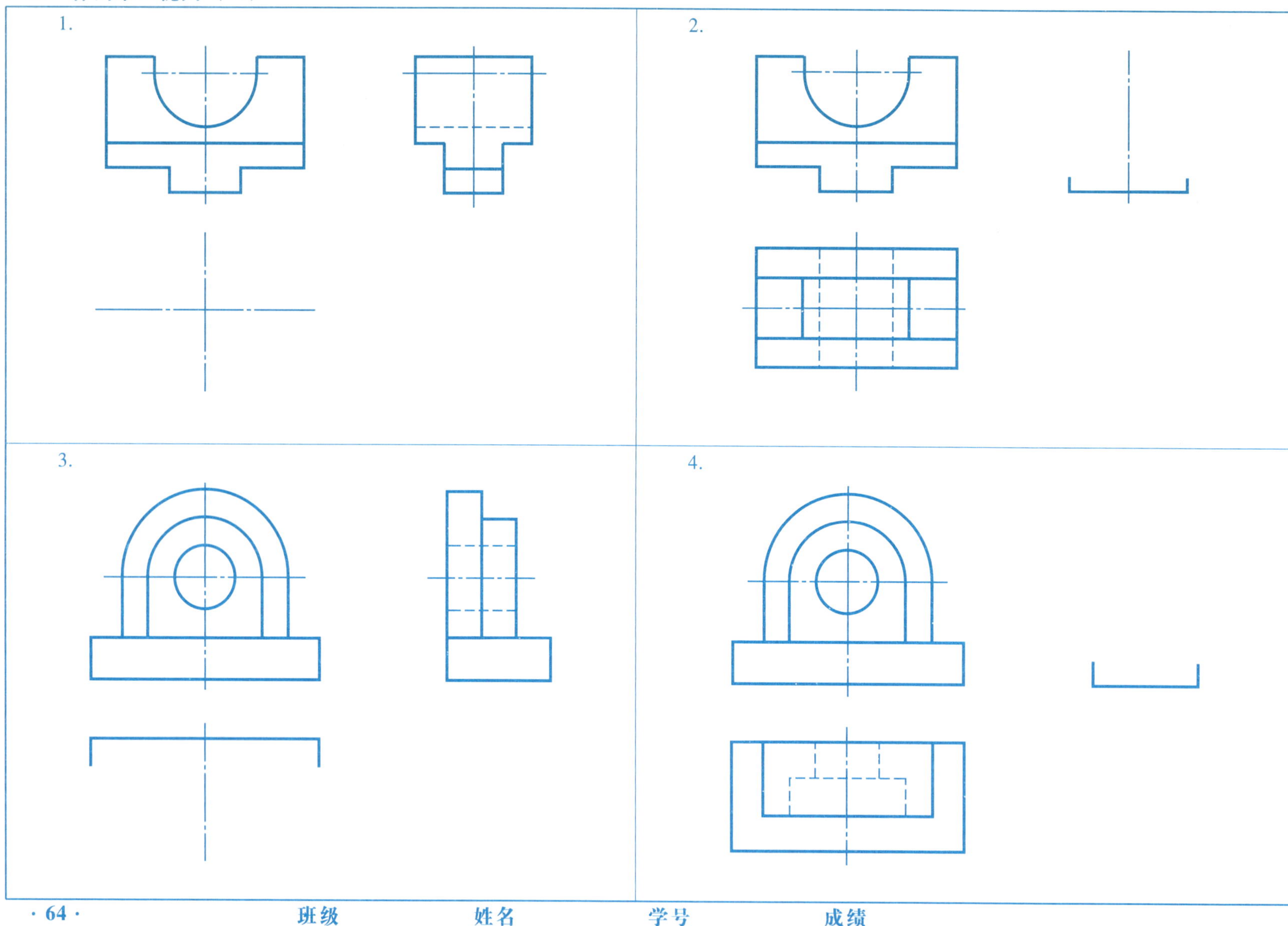

班级 姓名 学号 成绩

3-22 补画第三视图（三）

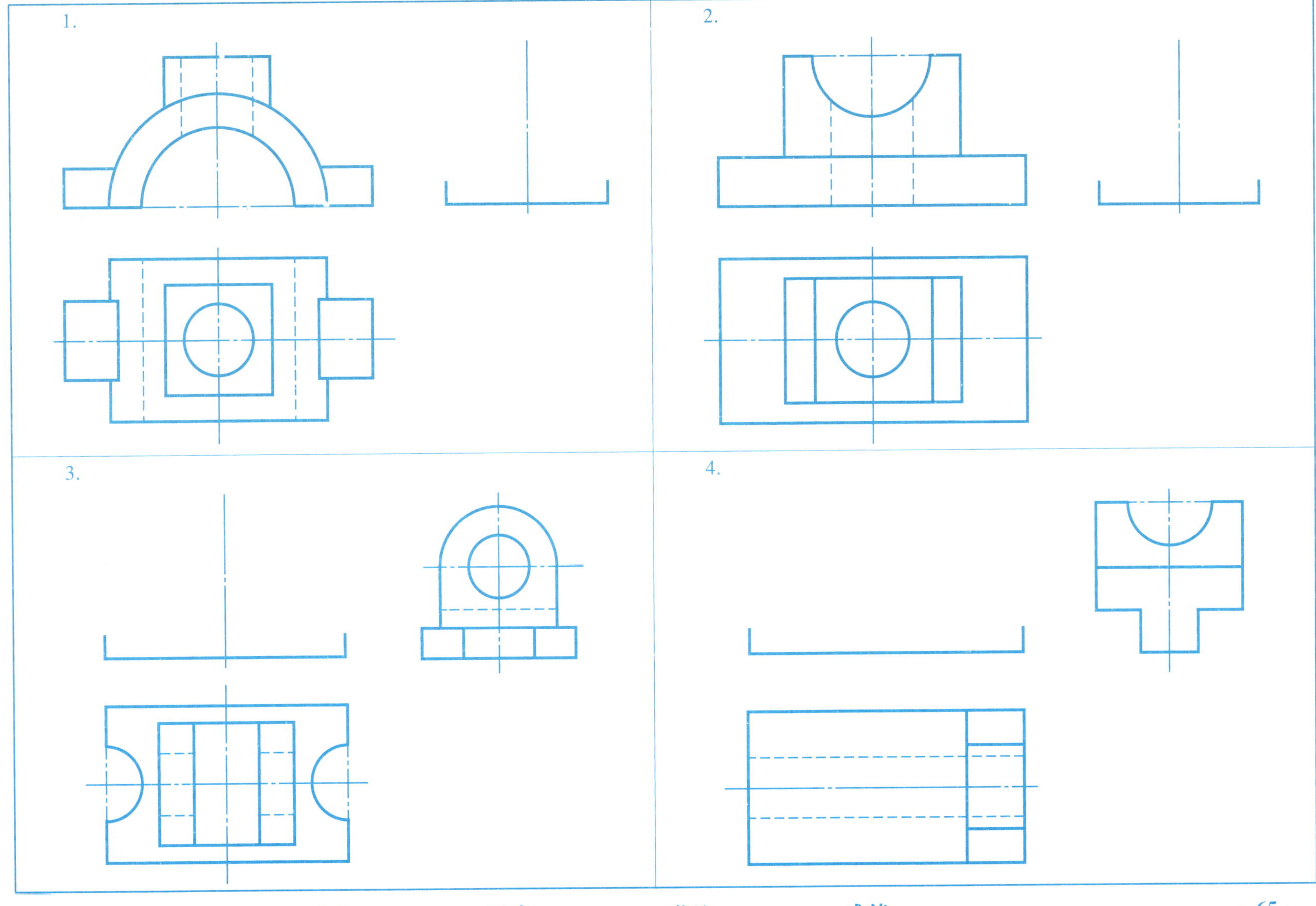

3-23 补画第三视图（四）

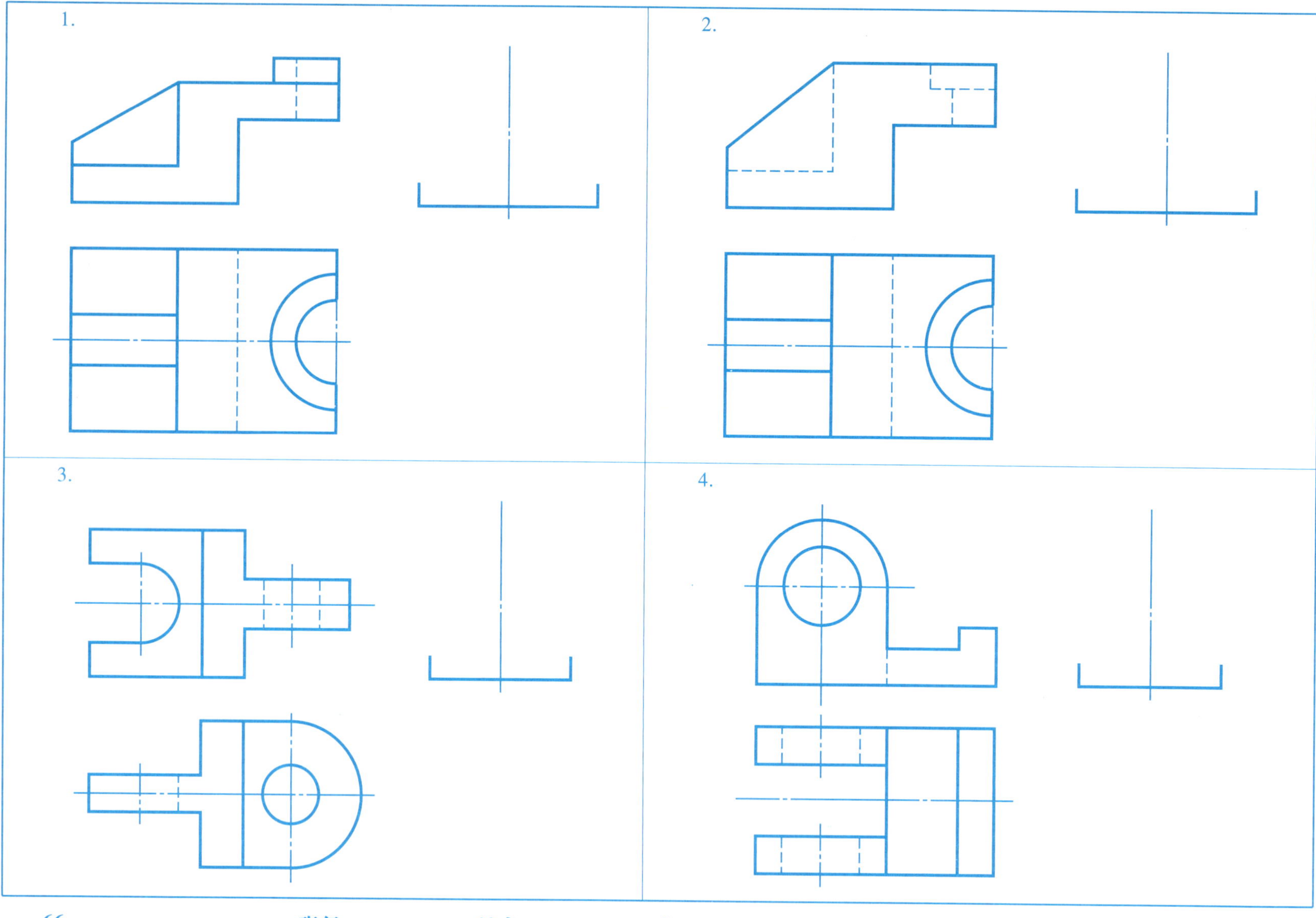

班级　　姓名　　学号　　成绩

3-24 补画第三视图（五）

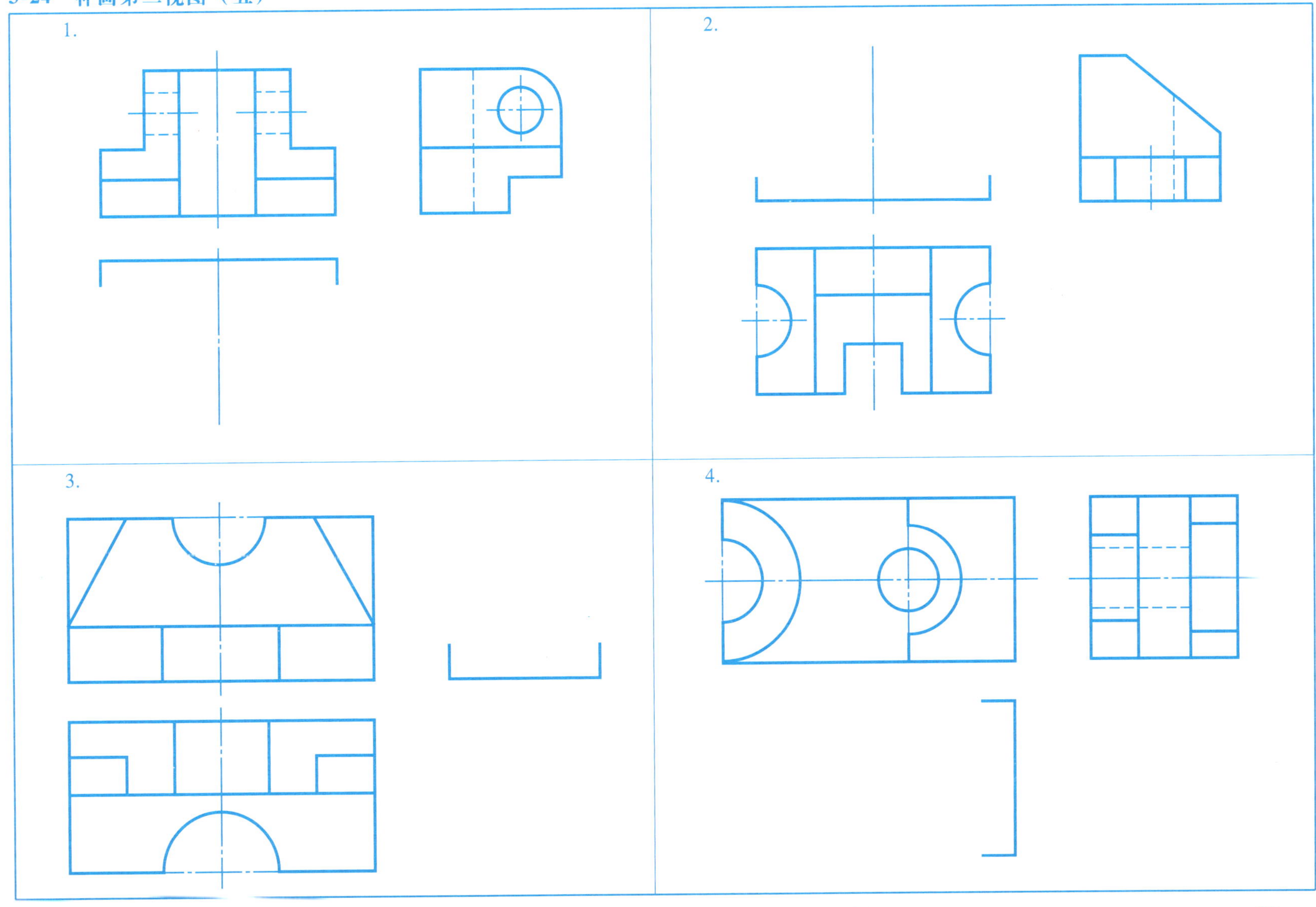

班级　　姓名　　学号　　成绩

3-25 补画视图。

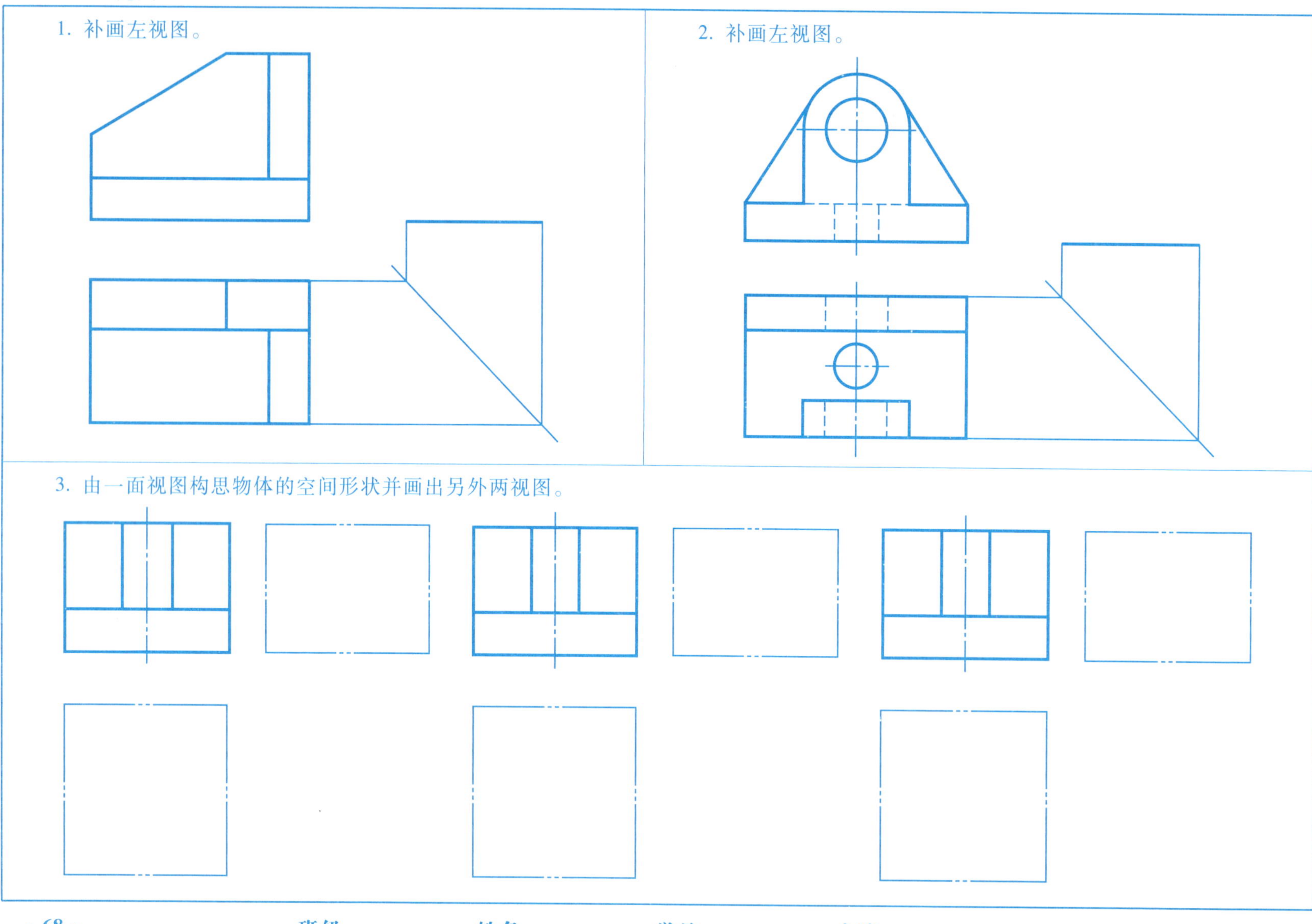

班级 姓名 学号 成绩

第四章　轴　测　图

4-1　想一想老师讲过的内容，回答下列问题

1. 轴测图与三视图有何区别？____________

____

____

2. 什么是轴间角？____________什么是轴向伸缩系数？____________

3. 轴测图的投影特性是什么？____________

____

4. 正等测的轴间角是多少？(　　)

5. 正等测的轴向伸缩系数是多少？(　　)

6. 正等测的简化轴向伸缩系数是多少？(　　)

7. 采用简化轴向伸缩系数后，正等测有何变化？(　　)

8. 画斜二测时，它们的轴间角、轴向伸缩系数各是多少？

____

9. 请说出正等测与斜二测的优缺点。____________

____

____

10. 根据物体某一个面的轴测投影，完成其正等测（厚度均为10mm）。

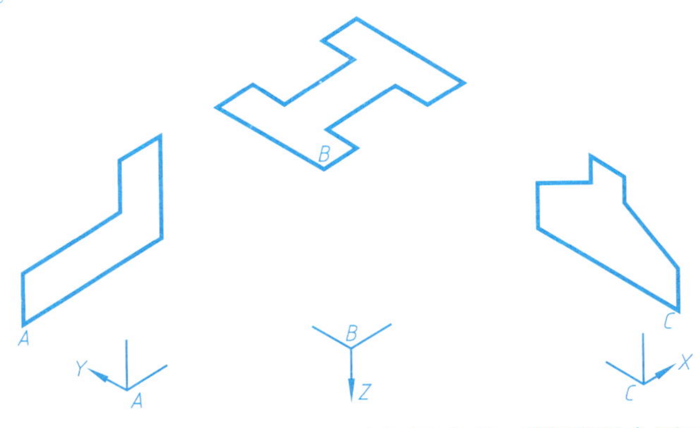

11. 观察下面两图，你是不是觉得圆台的正等测画大了？是编者画错了，还是因为你的视觉误差，或者是另有原因？让圆台的正等测和视图中的圆台看起来相同，该怎么办？

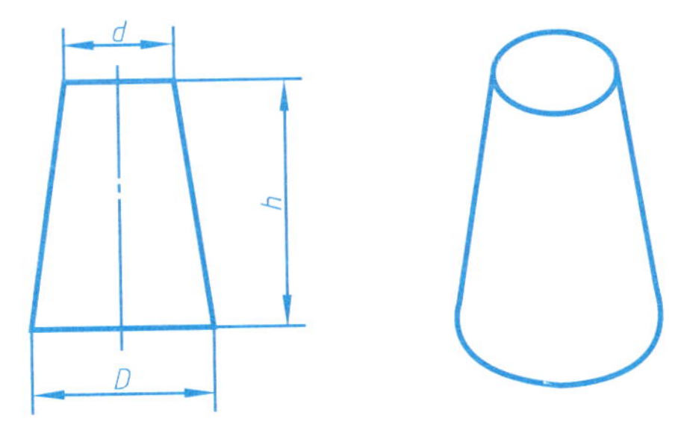

____

____

4-2　根据三视图，按简化轴向伸缩系数画出组合体正等测，给出的轴测图供参考（一）

1.

2.

班级　　　　姓名　　　　学号　　　　成绩

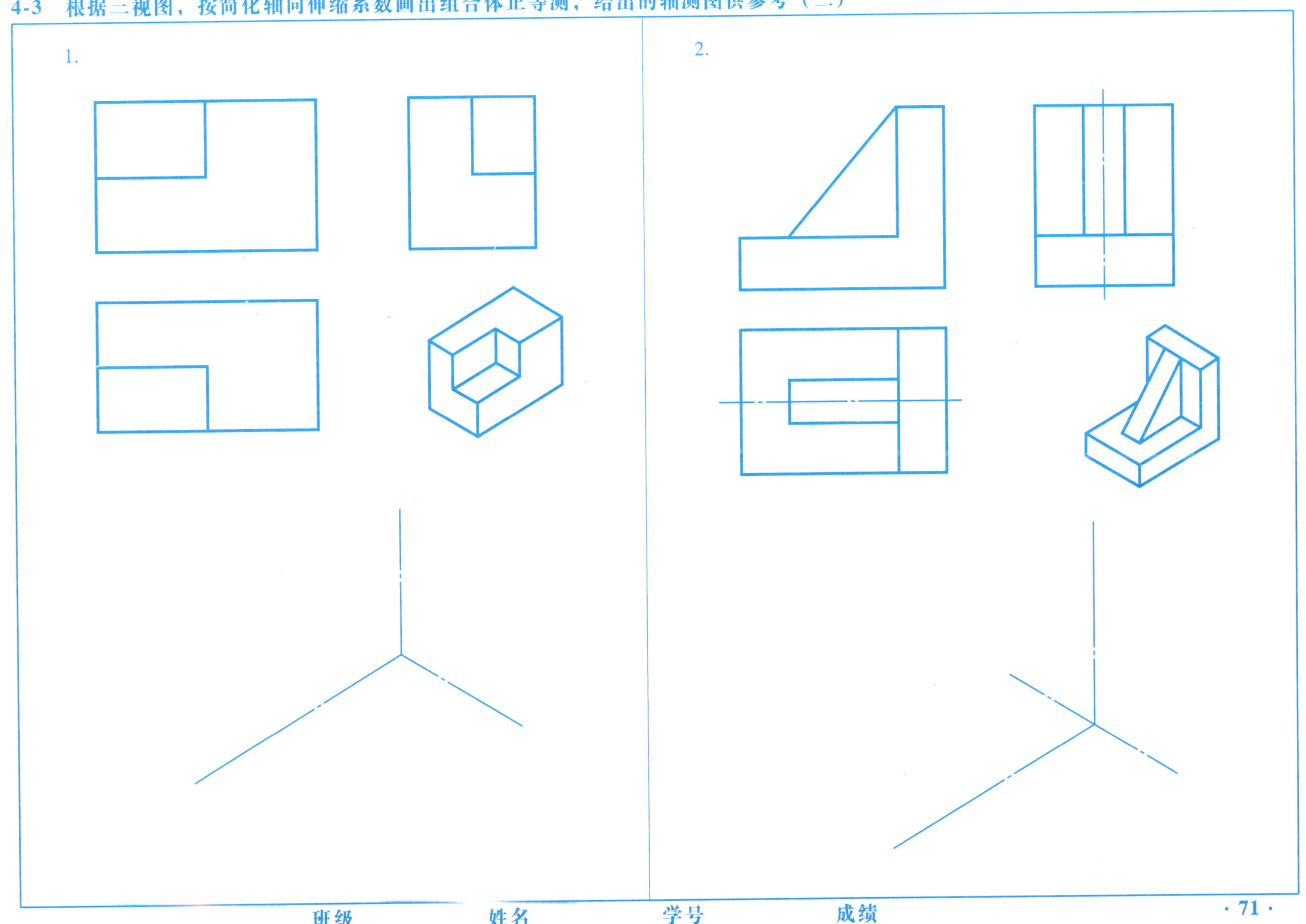
1.
2.

4-4 根据三视图，按简化轴向伸缩系数画出组合体正等测，给出的轴测图供参考（三）

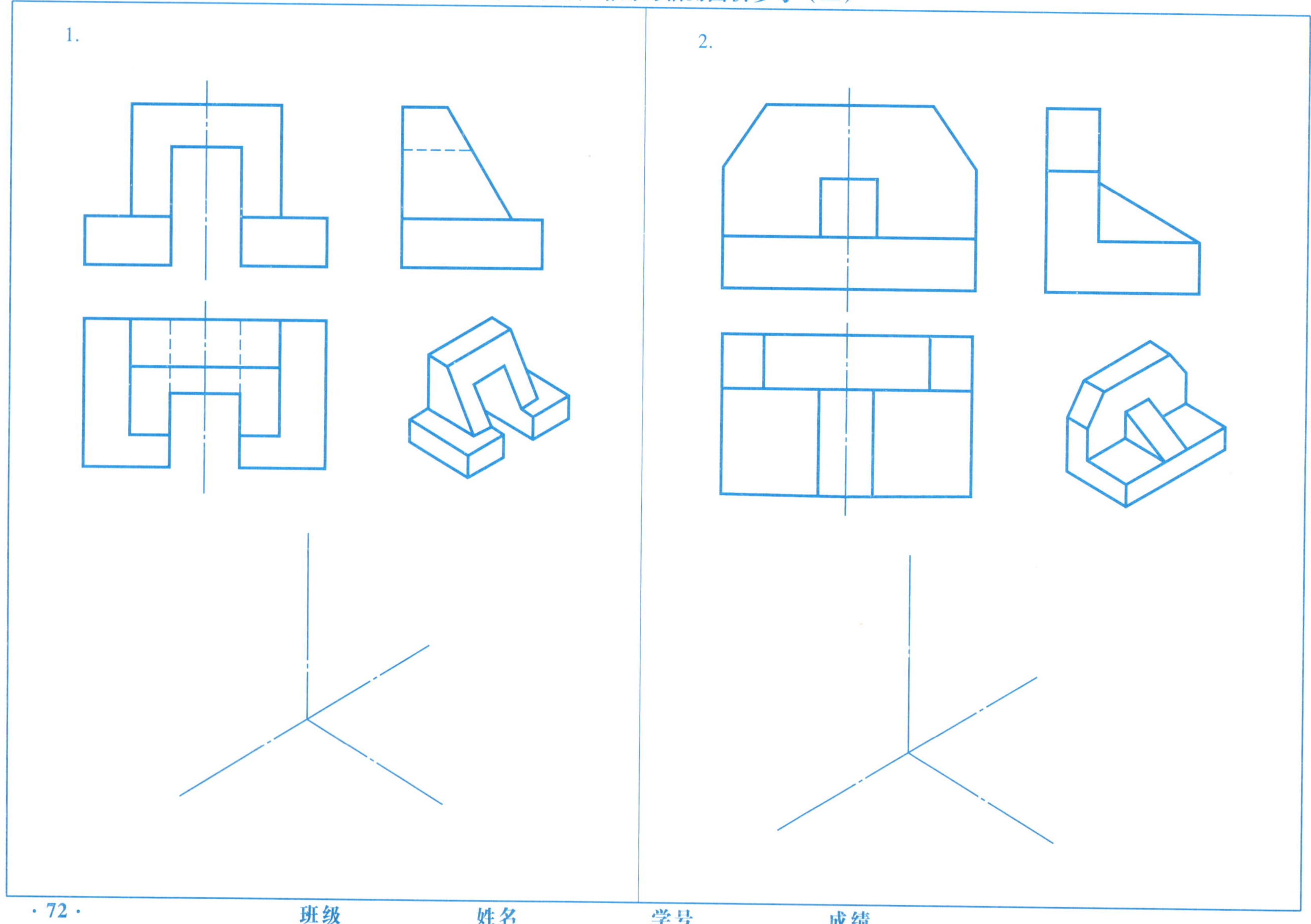

班级　　姓名　　学号　　成绩

4-5 根据已知视图，按简化轴向伸缩系数画出切口圆柱正等测，绘出的轴测图供参考

1. 圆柱切角。

2. 圆柱开槽。

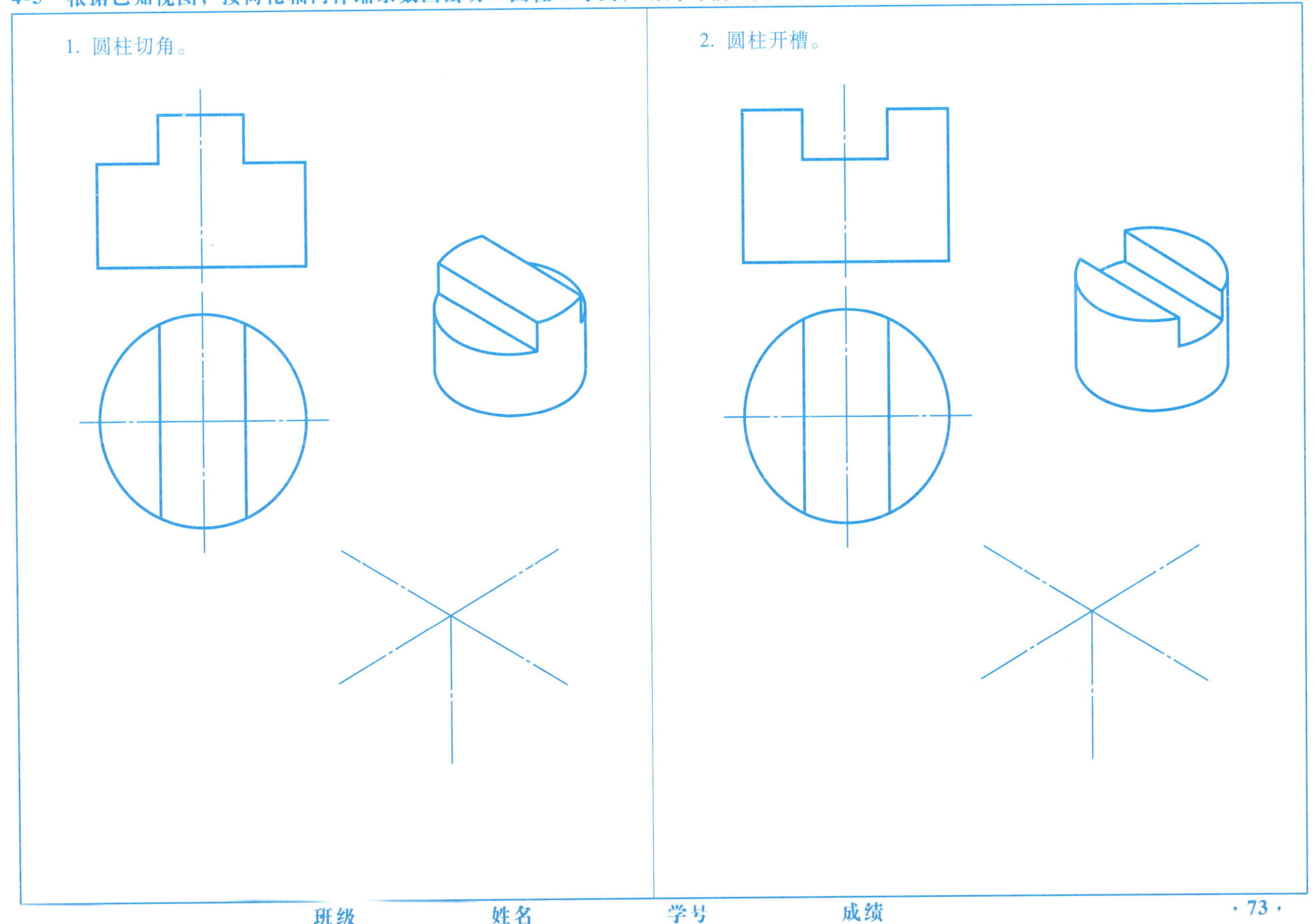

4-6　根据组合体三视图中的尺寸，按简化轴向伸缩系数画出其正等测，给出的轴测图供参考（注意坐标轴的位置）

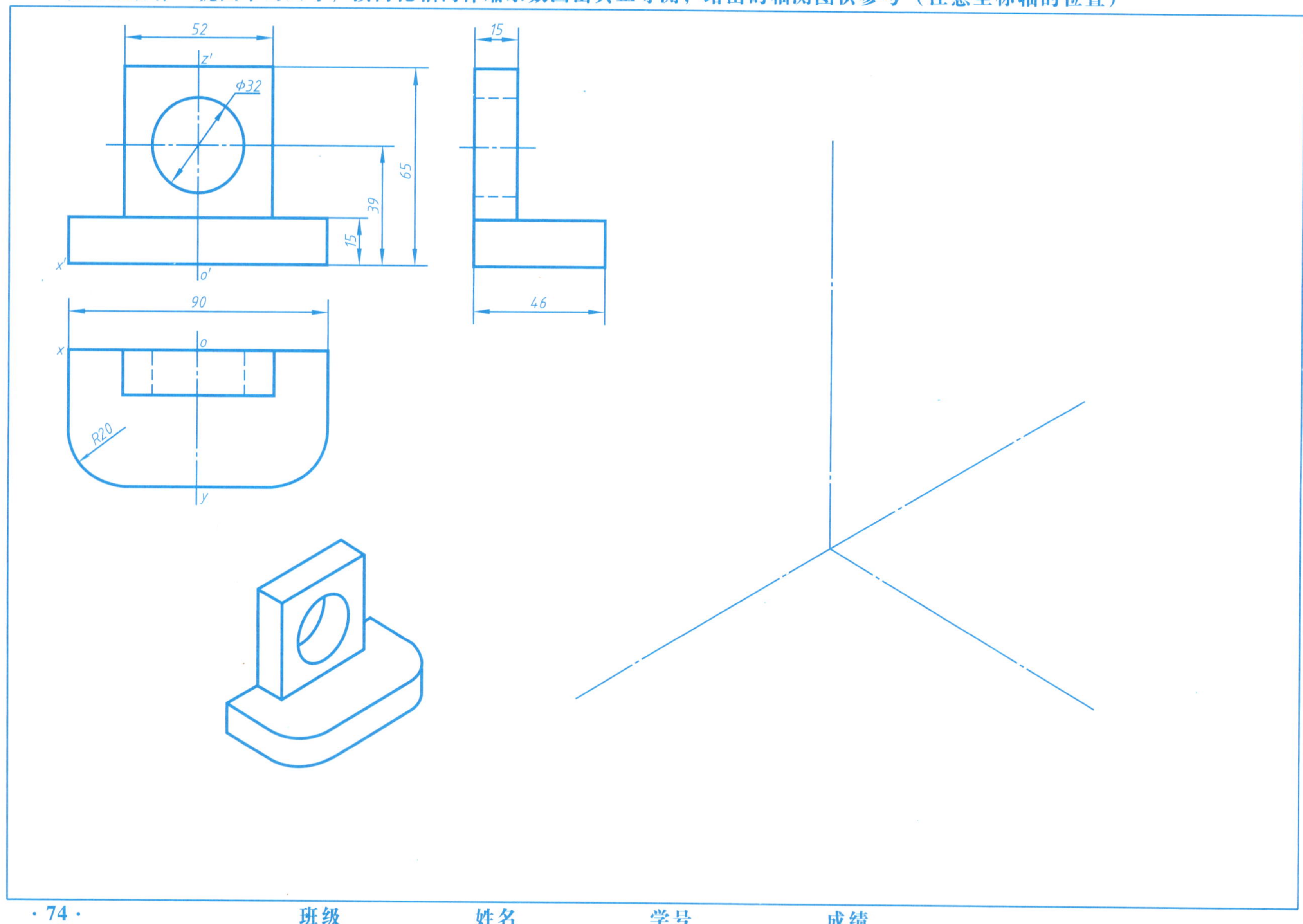

班级　　　　姓名　　　　学号　　　　成绩

4-7 根据已知视图，画出组合体斜二测，给出的轴测图供参考（注意坐标轴的选择）（一）

1.

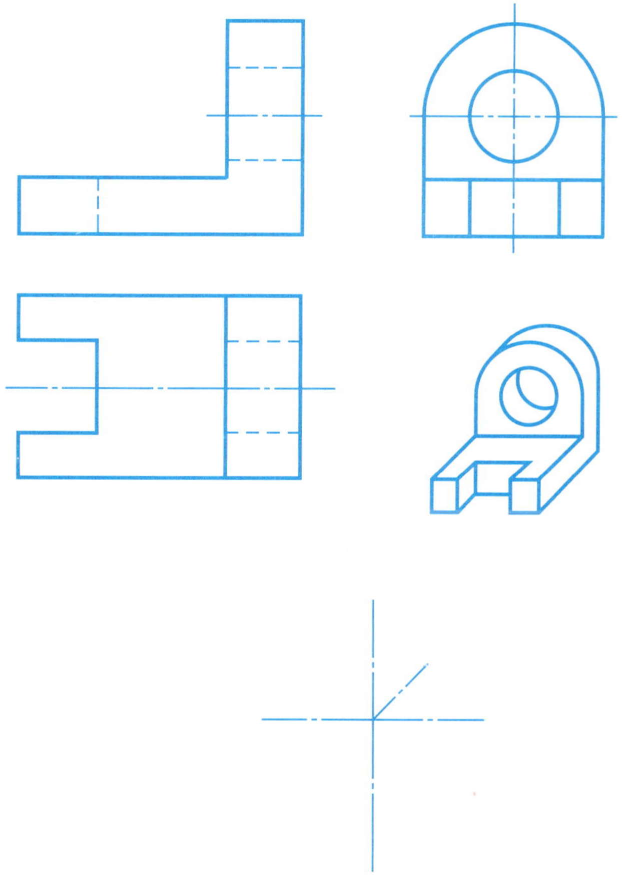

2.

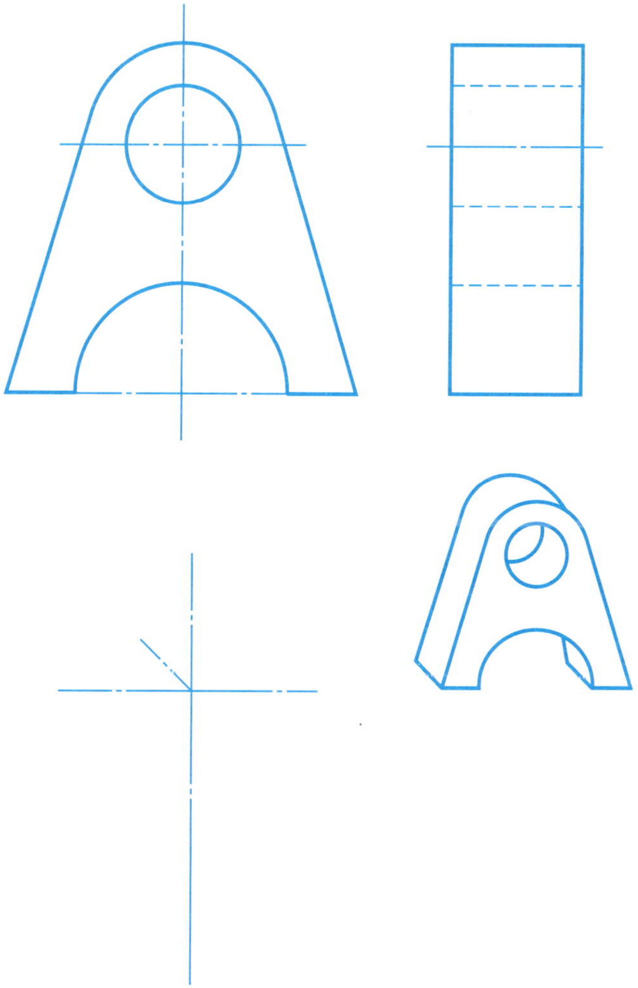

4-8 根据已知视图，画出组合体斜二测，给出的轴测图供参考（注意坐标轴的选择）（二）

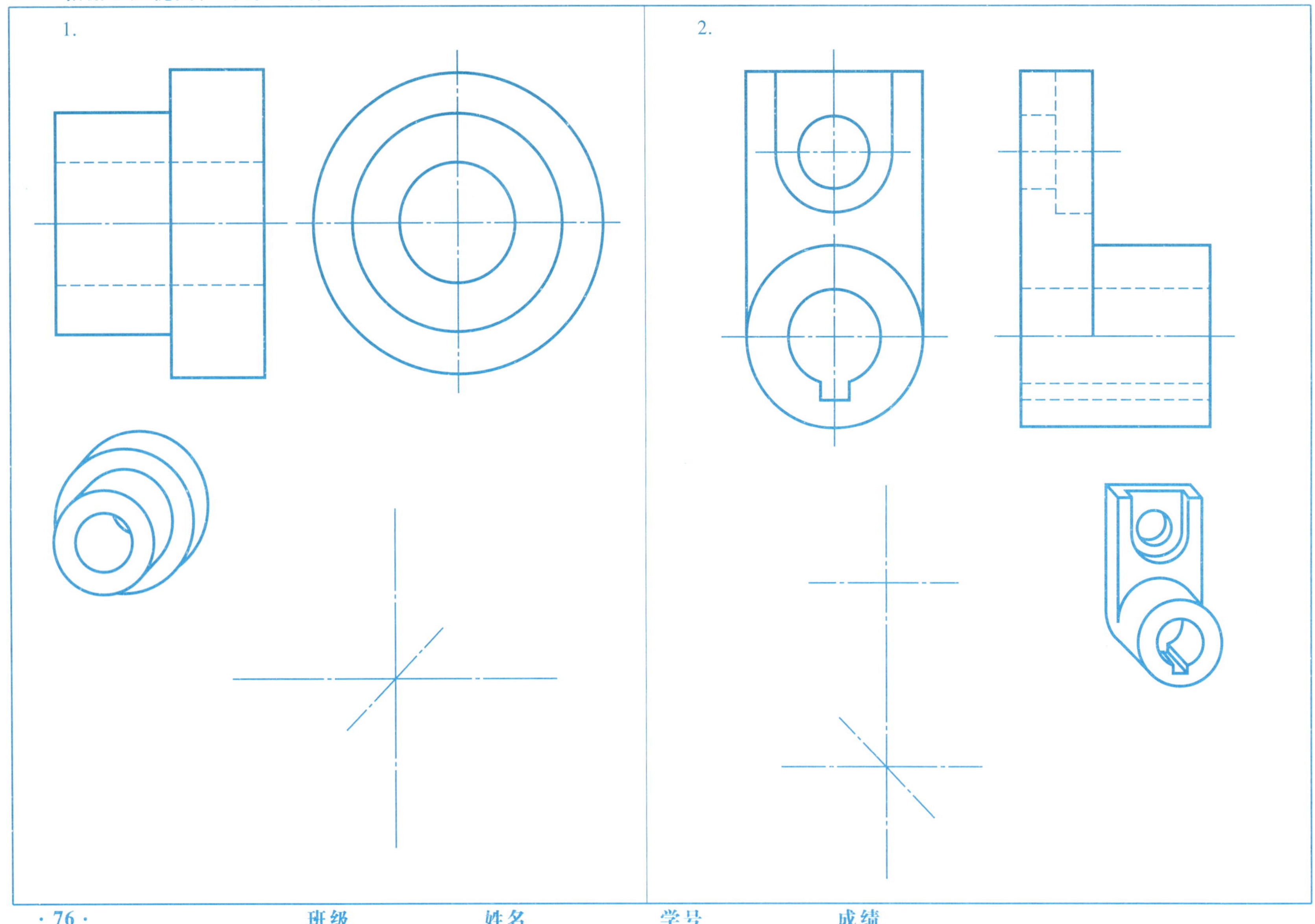

班级　　　　姓名　　　　学号　　　　成绩

第五章　物体的表达方法

5-1　回答下列问题

1. 向视图与基本视图有何关系？＿＿＿＿＿＿＿＿

2. 局部视图与基本视图有何关系？＿＿＿＿＿＿＿＿

3. 局部视图和斜视图有何共同点？有何不同点？＿＿＿＿

＿＿＿＿＿＿＿＿＿＿＿＿＿＿＿＿＿＿＿＿＿＿

＿＿＿＿＿＿＿＿＿＿＿＿＿＿＿＿＿＿＿＿＿＿

4. 在标注向视图、局部视图和斜视图的视图名称时，其大写拉丁字母怎样写才是正确的？＿＿＿＿＿＿＿＿

5. 观察下图，看看右、仰、后视图与主、俯、左视图有何关系？＿＿＿＿＿＿＿＿＿＿＿＿＿＿＿＿＿＿＿＿

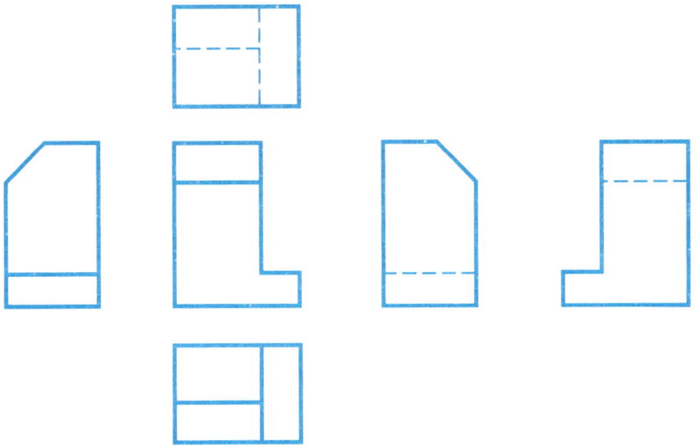

6. 填写 *A* 视图和 *B* 视图的名称。

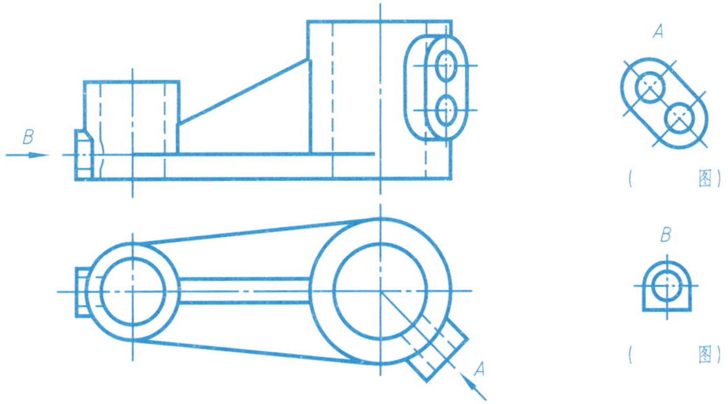

7. 确认各视图的名称，并按规定标注。

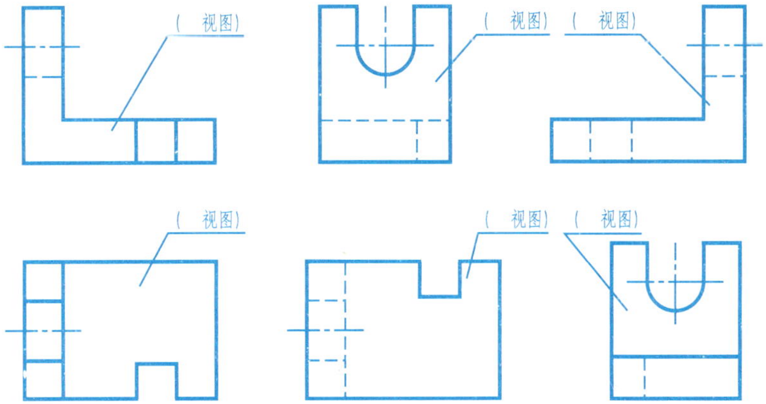

5-2 根据主、俯、左视图，按基本视图位置配置，在指定位置画出右、仰、后视图

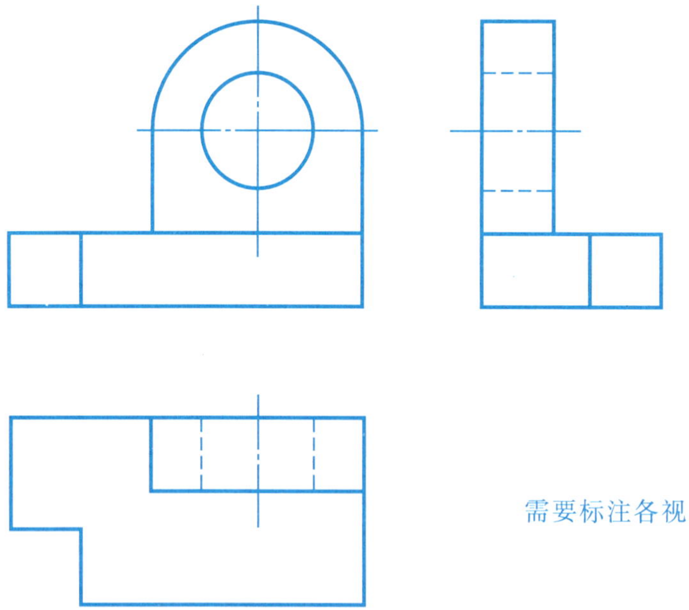

需要标注各视图名称吗？（　　　）

班级　　　　姓名　　　　学号　　　　成绩

1. 先确认各视图名称（画√），再按规定标注。

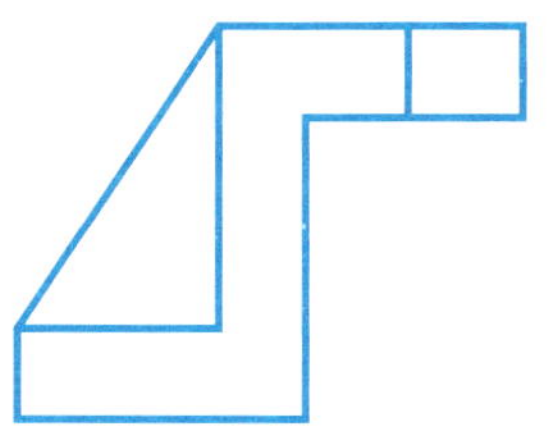

(主、俯、左、右、仰、后)视图

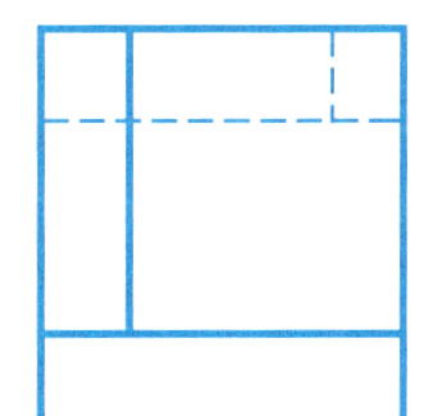

(主、俯、左、右、仰、后)视图

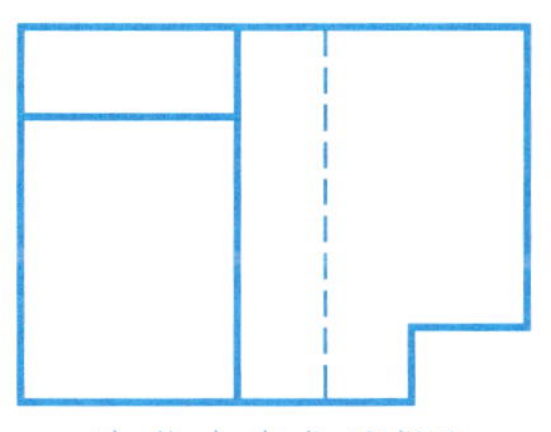

(主、俯、左、右、仰、后)视图

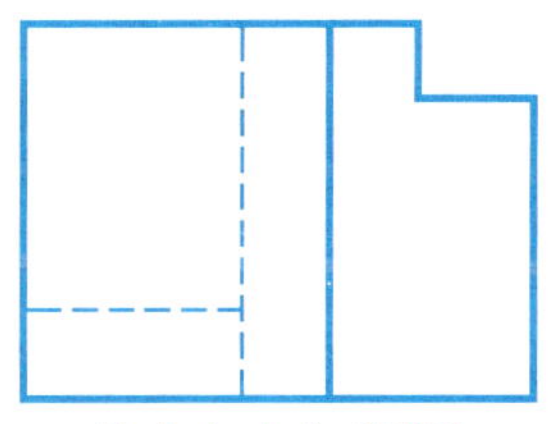

(主、俯、左、右、仰、后)视图

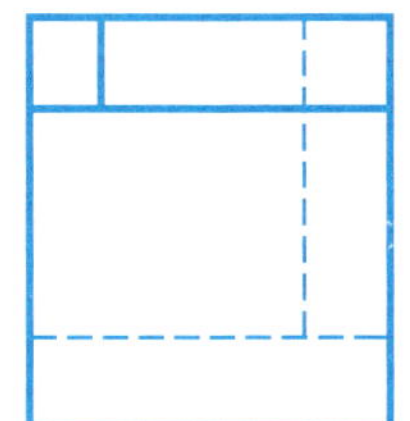

(主、俯、左、右、仰、后)视图

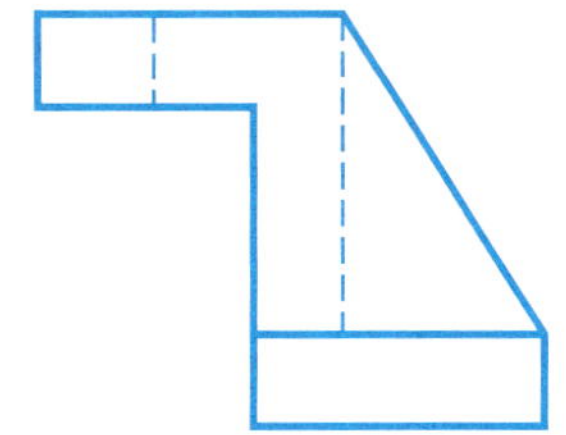

(主、俯、左、右、仰、后)视图

2. 根据主、俯、左视图，补画 *D*、*E*、*F* 视图，并按规定标注。

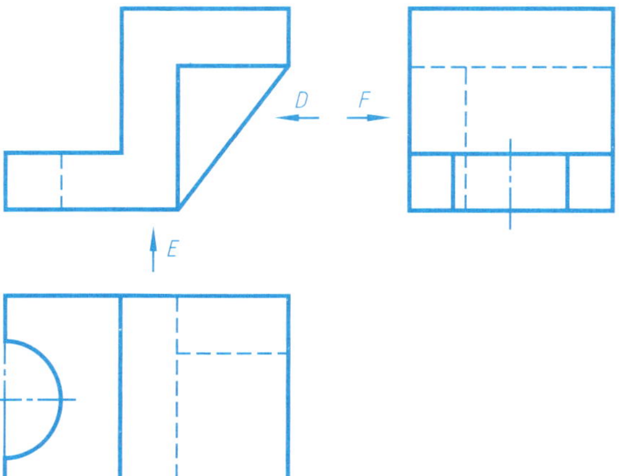

1. 判断 A 向和 B 向视图正确与否，指出错误图例的错误原因。
B
B
B
B
A
A
(正确、错误)
(正确、错误)
(正确、错误)
(正确、错误)
(正确、错误)
B 向称为________视图
A 向称为________视图
A
2. 判断 K 向视图正确与否，指出错误图例的错误原因。
K 向称为________视图
K
K
K
K
K
(正确、错误)
(正确、错误)
(正确、错误)
(正确、错误)

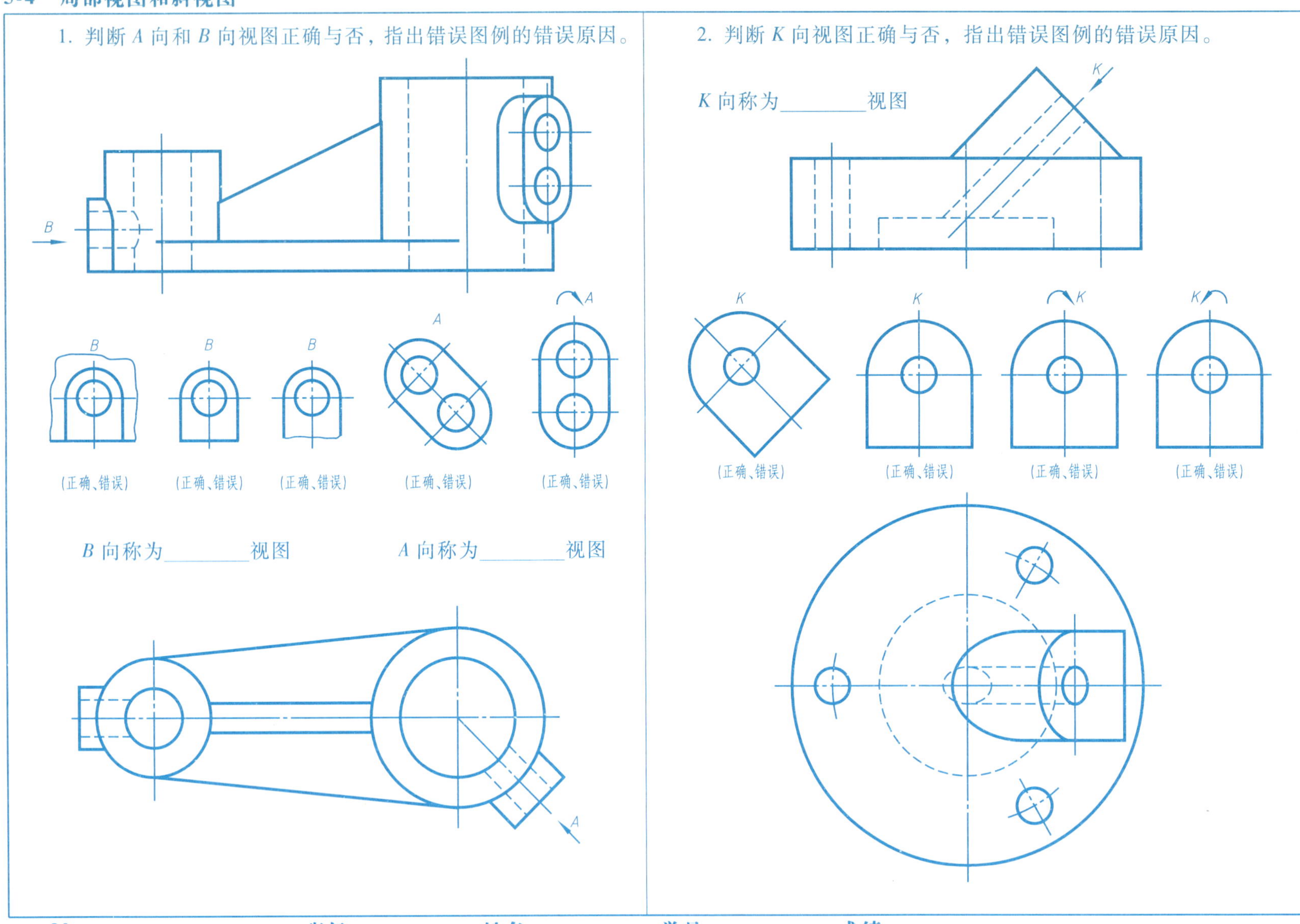

 班级 姓名 学号 成绩

1. 判断 K 向视图正确与否，指出错误图例的错误原因。

2. 判断 K 向视图正确与否，指出错误图例的错误原因。

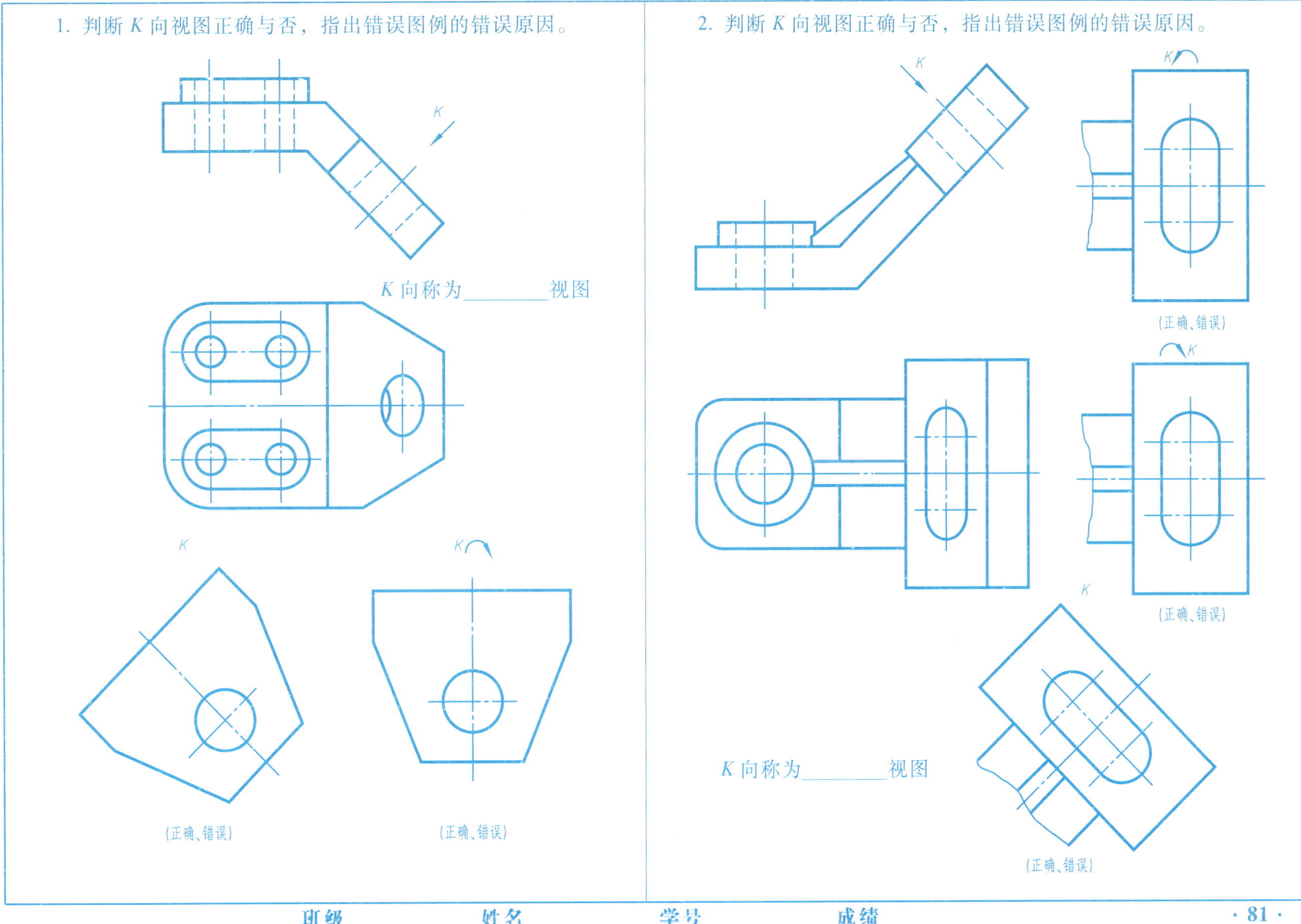

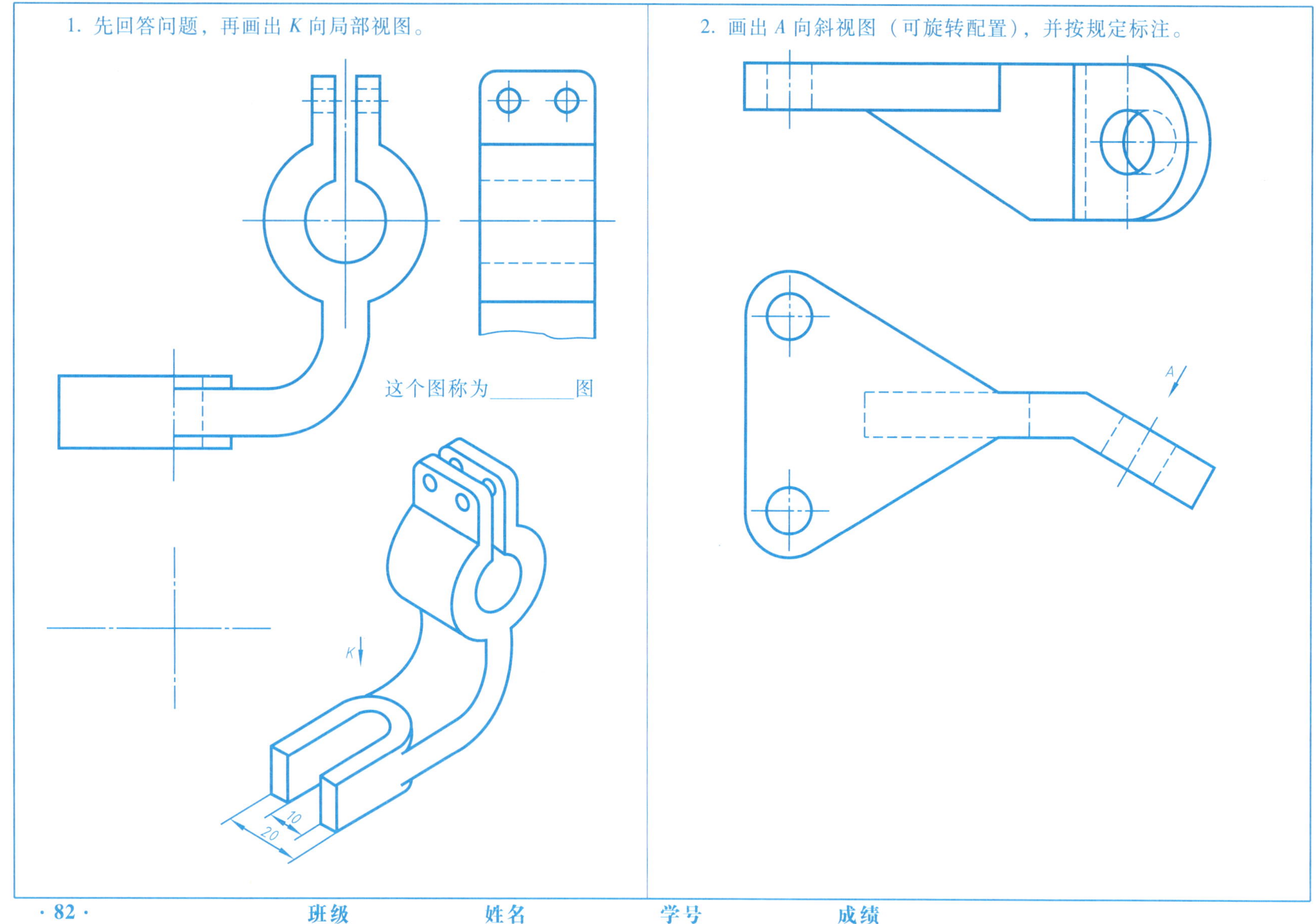
1. 先回答问题，再画出 K 向局部视图。
这个图称为________图
K
10
20
2. 画出 A 向斜视图（可旋转配置），并按规定标注。
A

5-7 判别哪一组剖视图是正确的，并说出其他图的错误原因

班级 姓名 学号 成绩

5-8 判别剖视图的正误

1. 判断哪一个剖视图是正确的，并说出错误图例的错误原因。

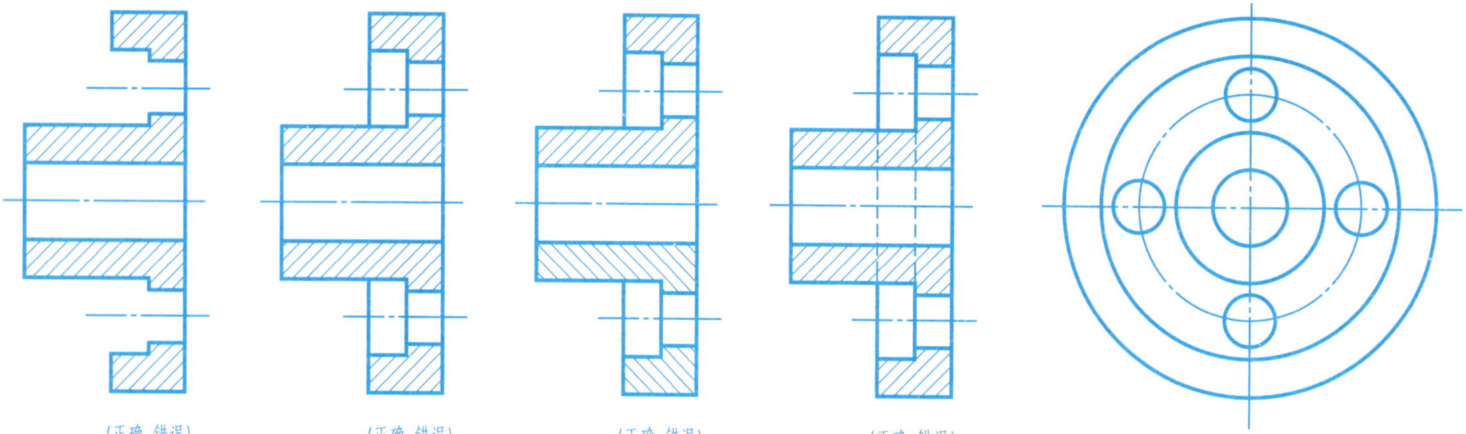

(正确、错误)　(正确、错误)　(正确、错误)　(正确、错误)

2. 判断下面三组视图哪一组是正确的，并说出错误图例的错误原因。

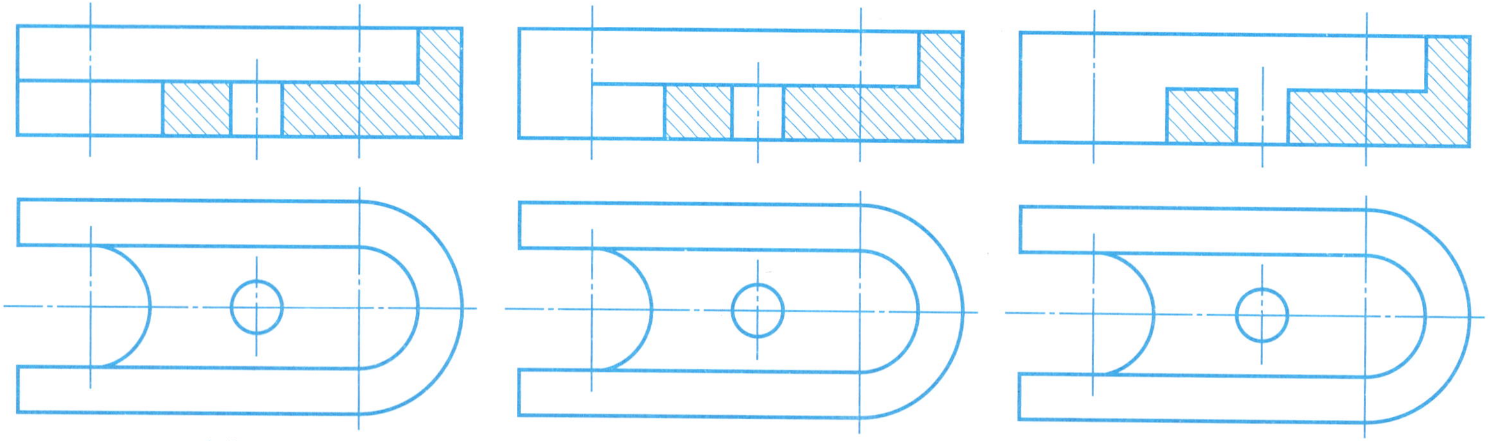

(正确、错误)　(正确、错误)　(正确、错误)

班级　姓名　学号　成绩

5-9 补画剖视图中遗漏的图线

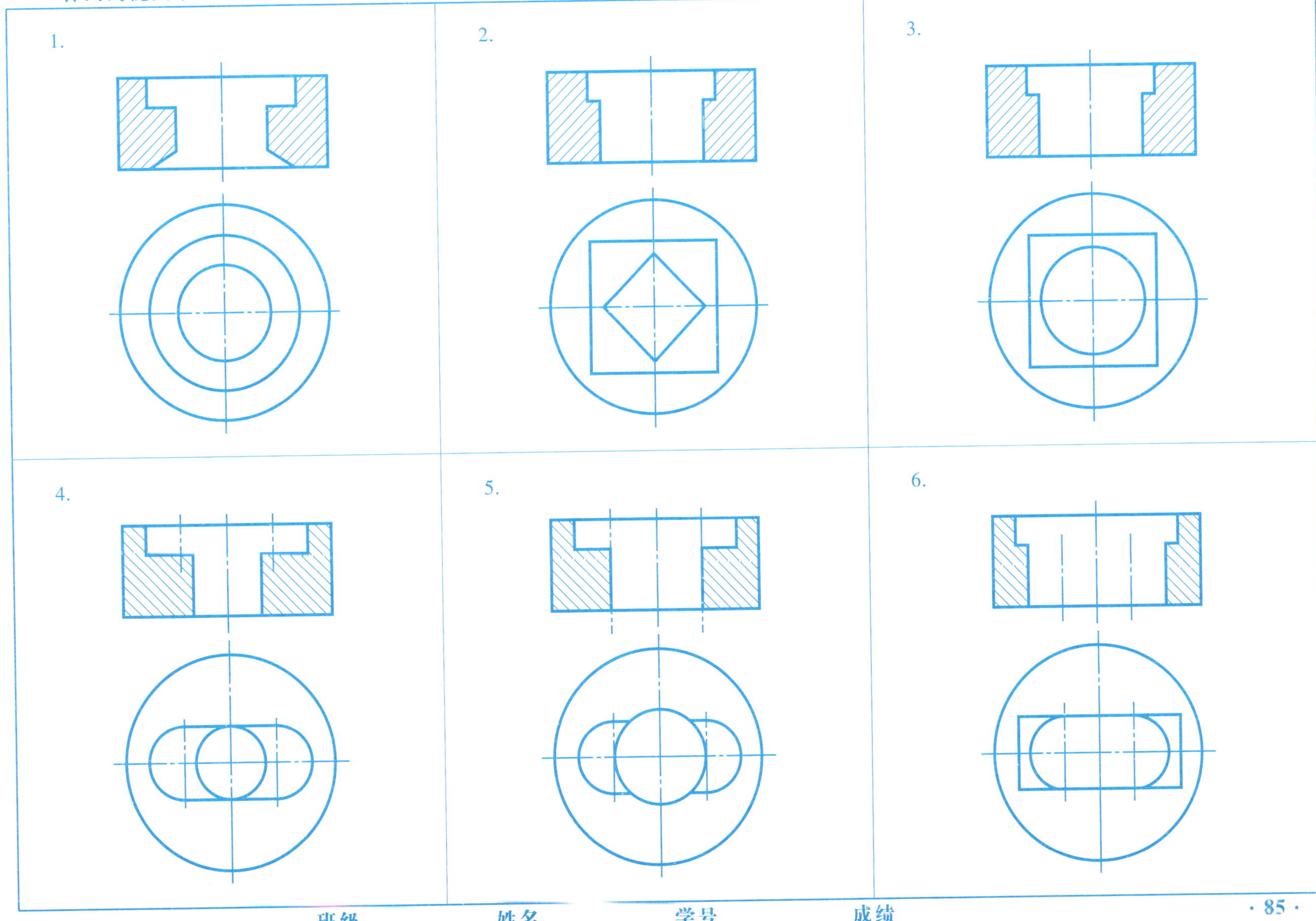

班级 姓名 学号 成绩

5-10 将主视图改画成全剖视（不要的线画×）

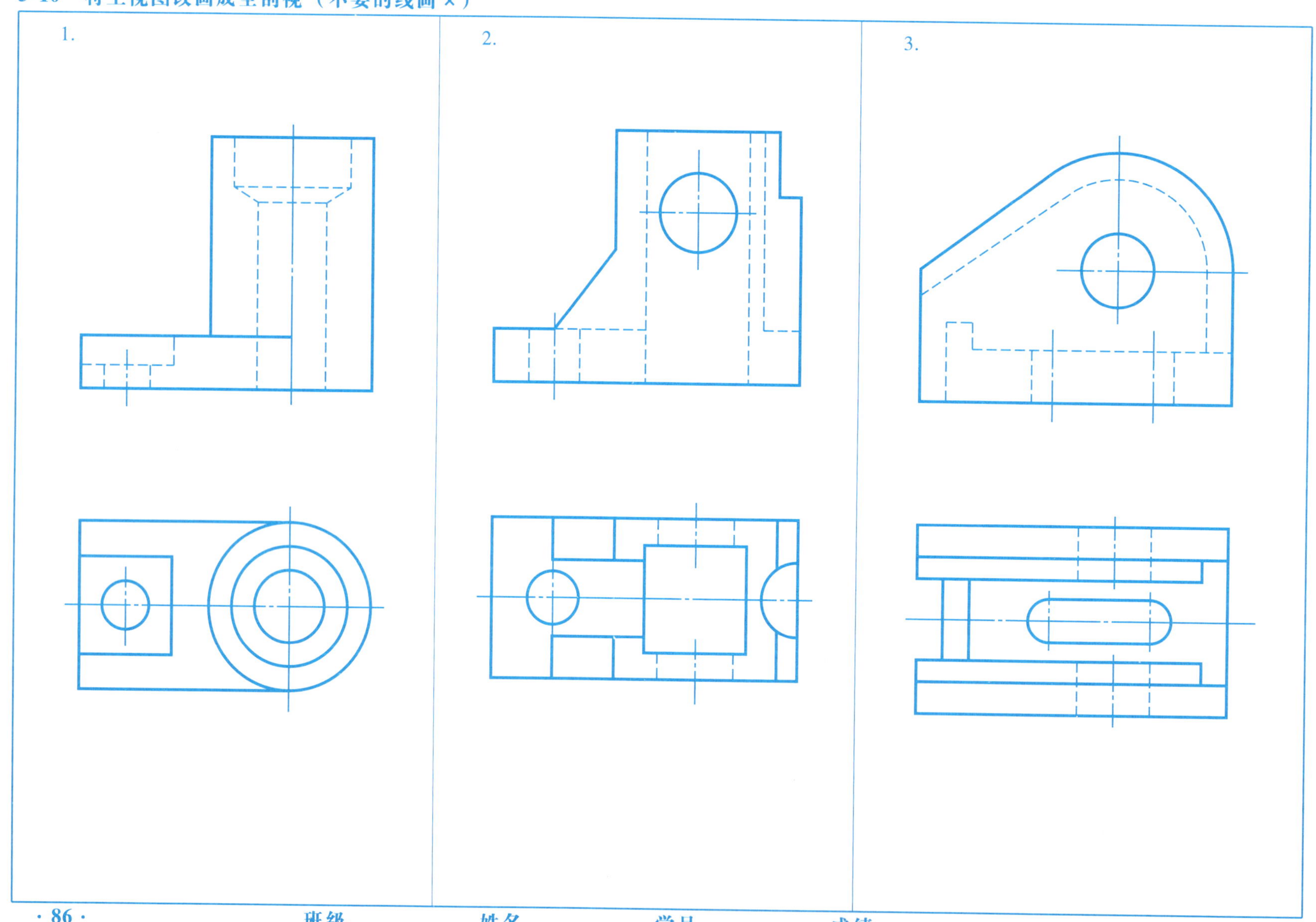

班级　　　　姓名　　　　学号　　　　成绩

5-11 画出全剖的左视图

1.

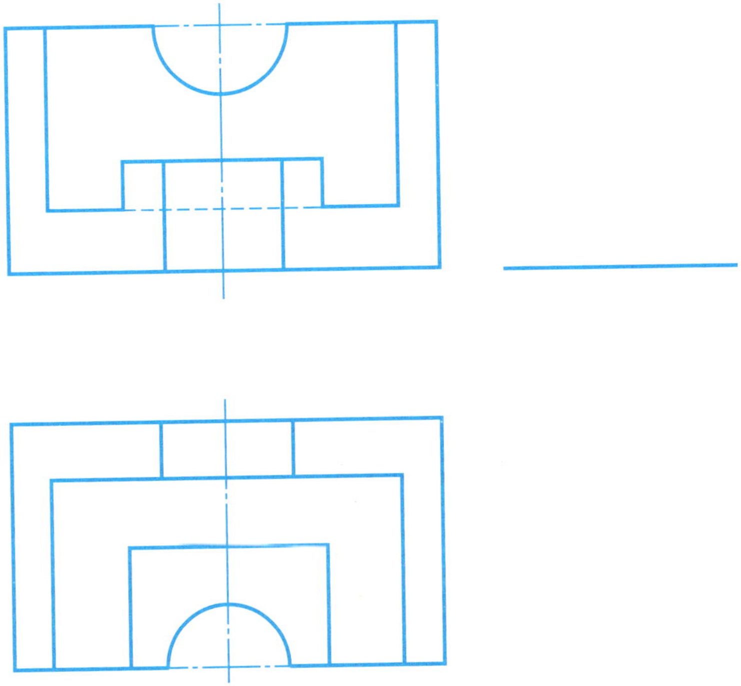

2.

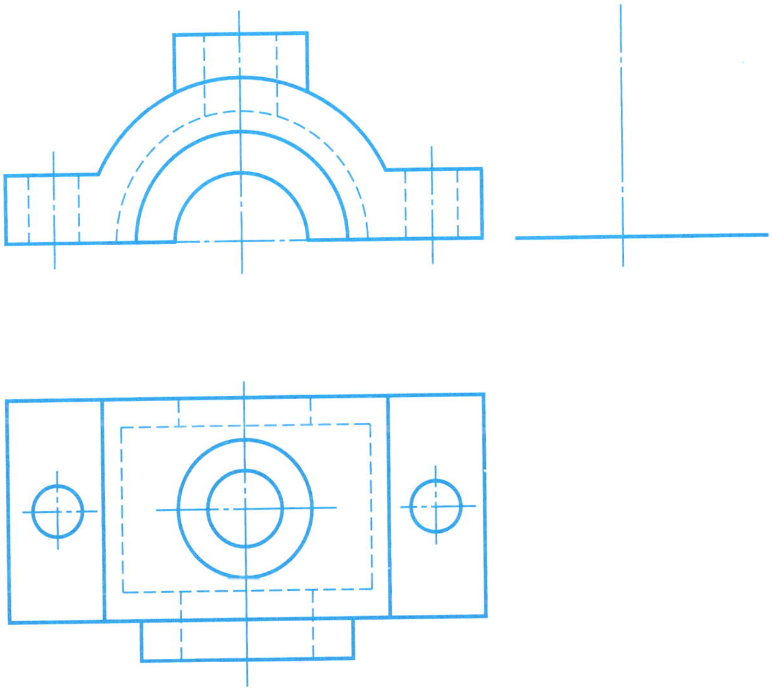

5-12 在指定位置将主视图改画成全剖视图

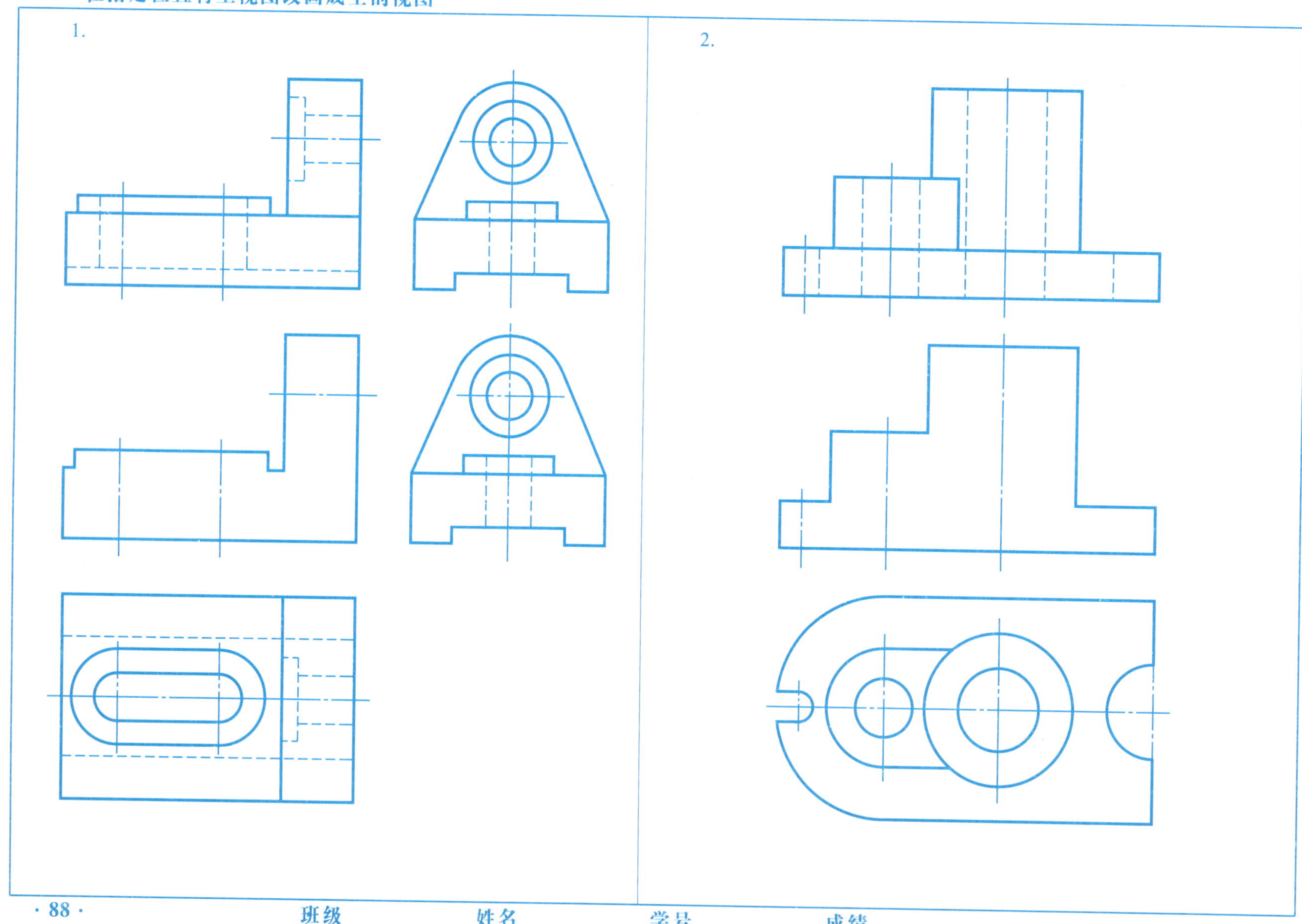

班级　　姓名　　学号　　成绩

5-13 选择正确的半剖视图

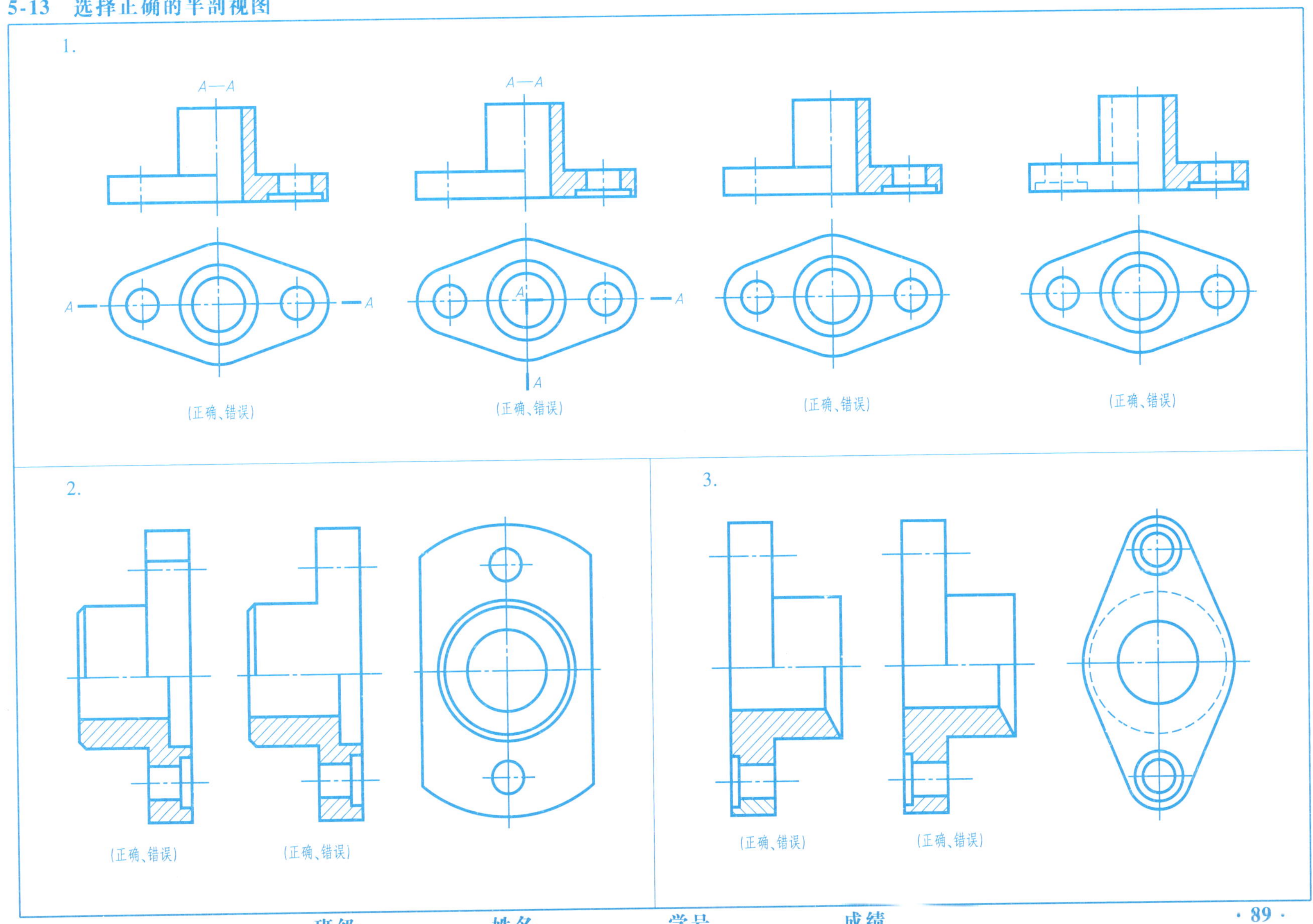

班级 姓名 学号 成绩

5-14 选择正确的主视图，在（ ）内画√

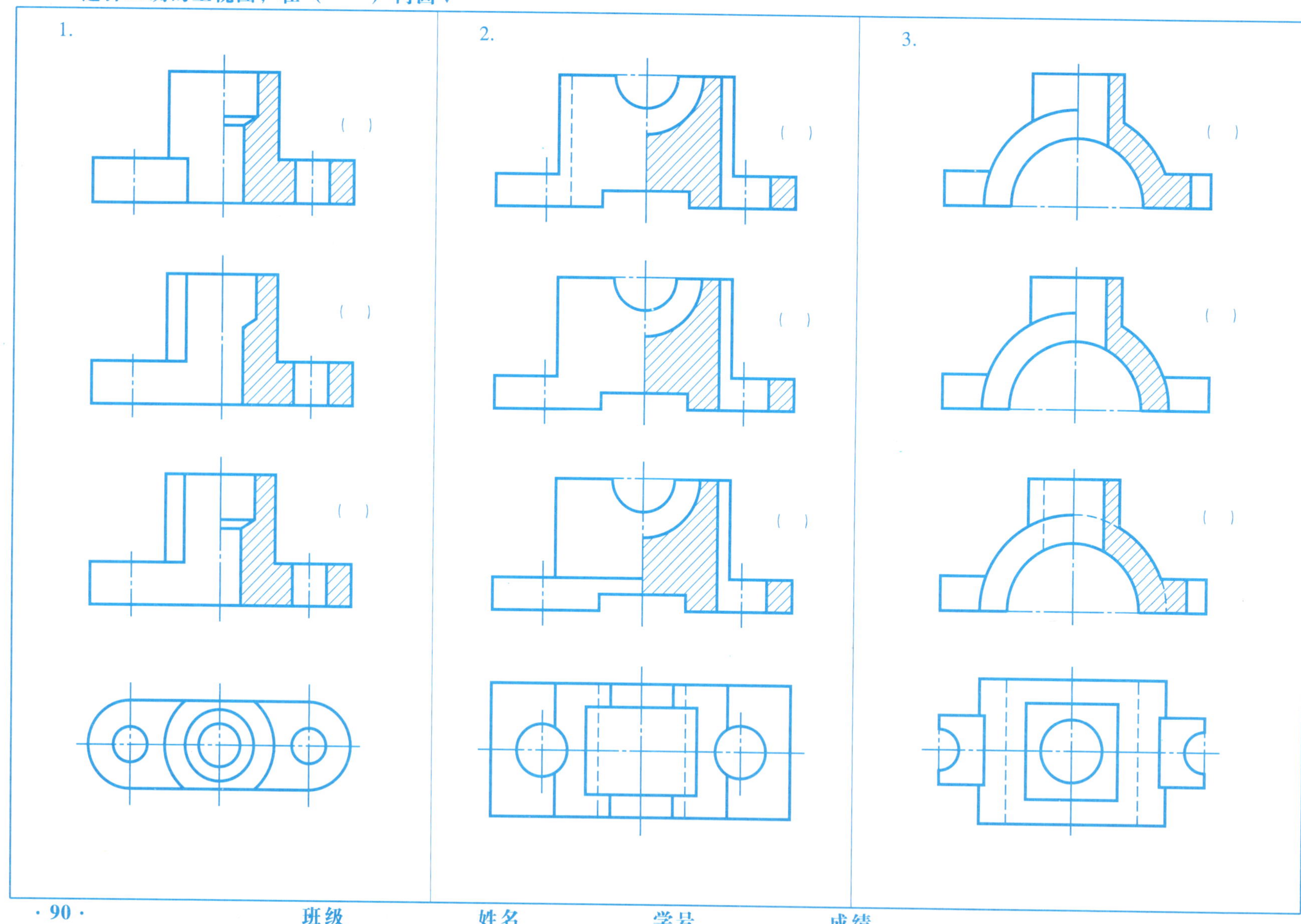

 班级 姓名 学号 成绩

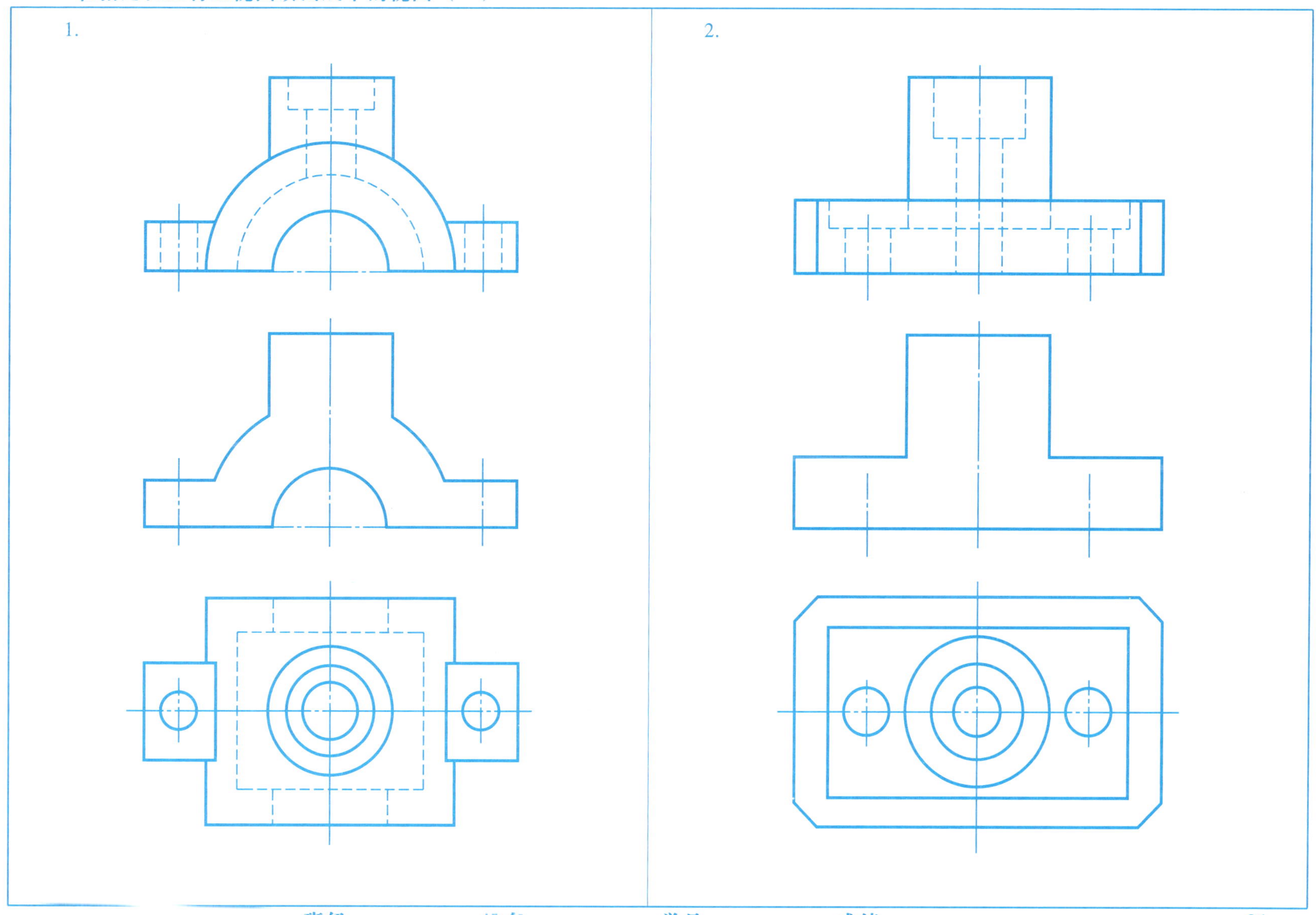

班级　　姓名　　学号　　成绩

5-16 在指定位置将主视图改画成半剖视图（二）

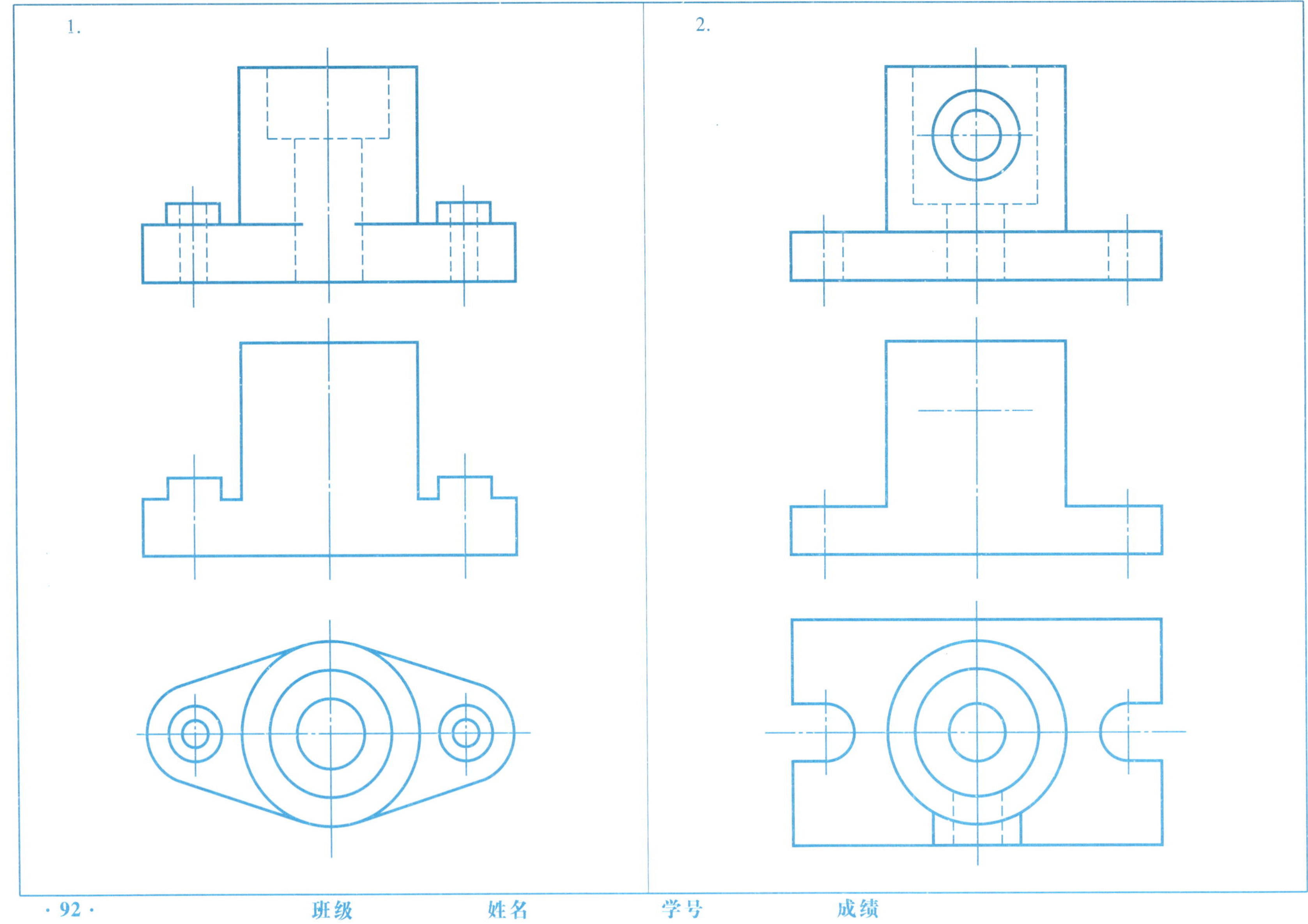

 班级 姓名 学号 成绩

5-17 将主、左视图改画成半剖视图

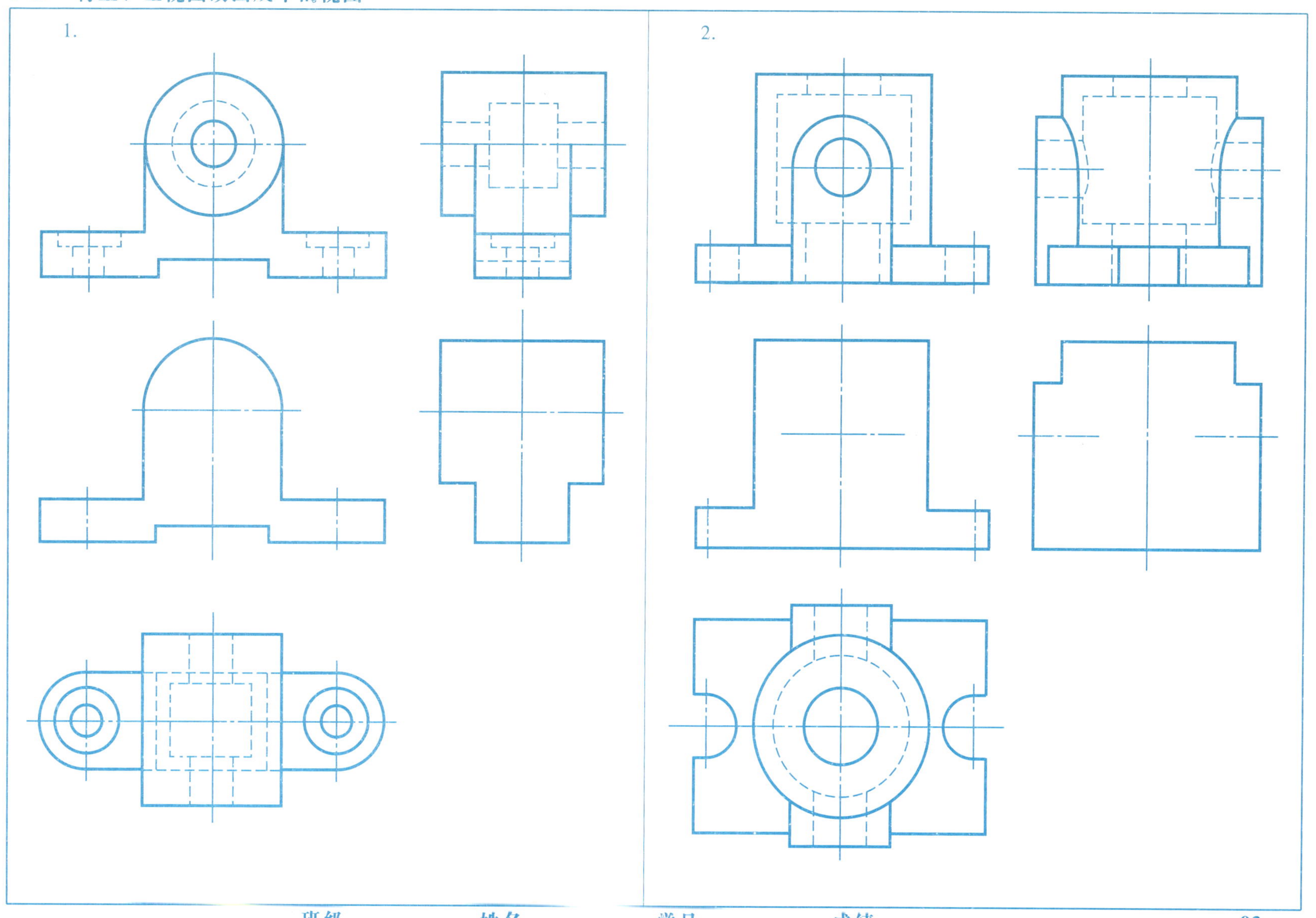

5-18 选择正确的局部剖视图

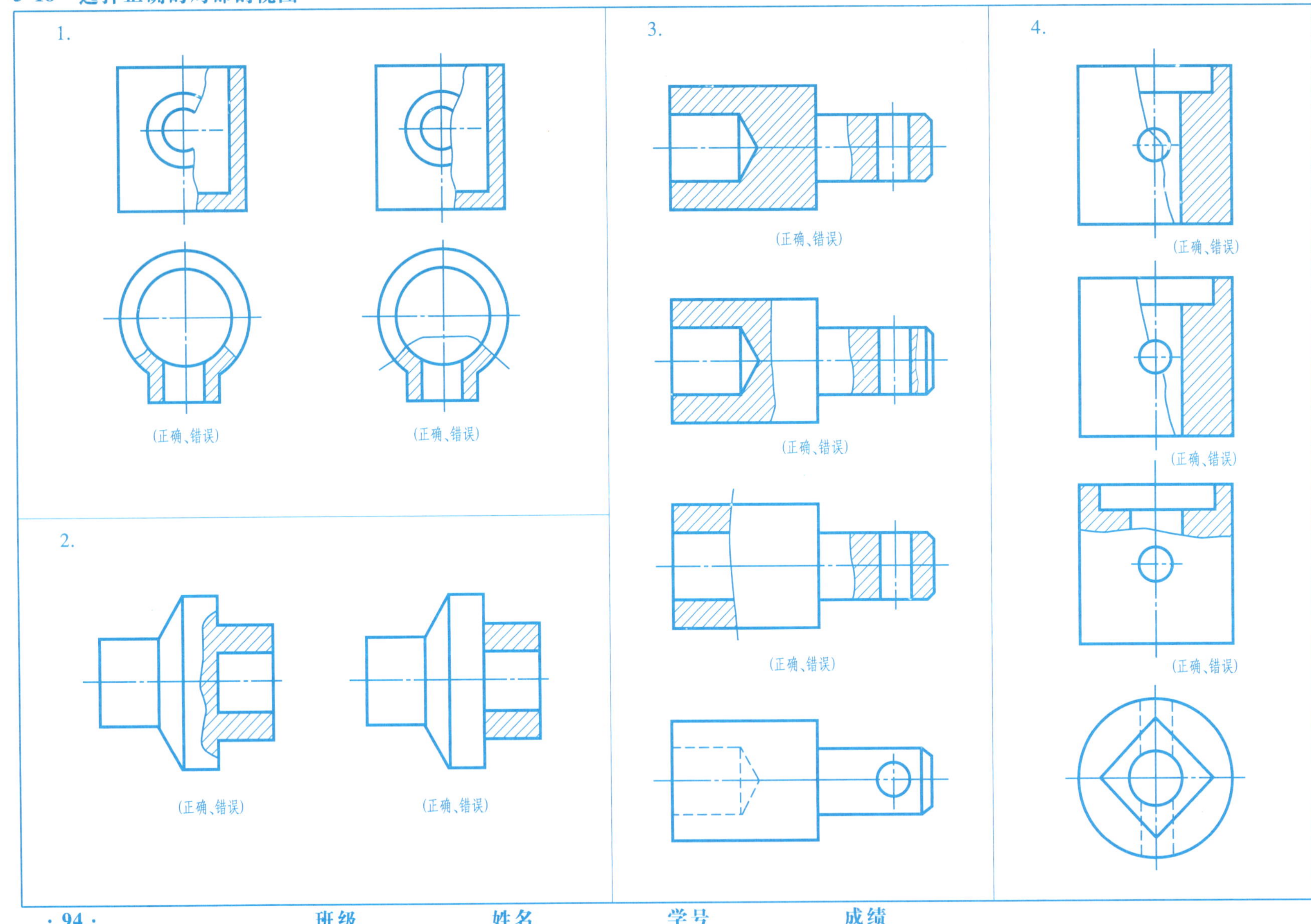

班级 姓名 学号 成绩

5-19 在适当的部位作局部剖视图，多余的线画 ×

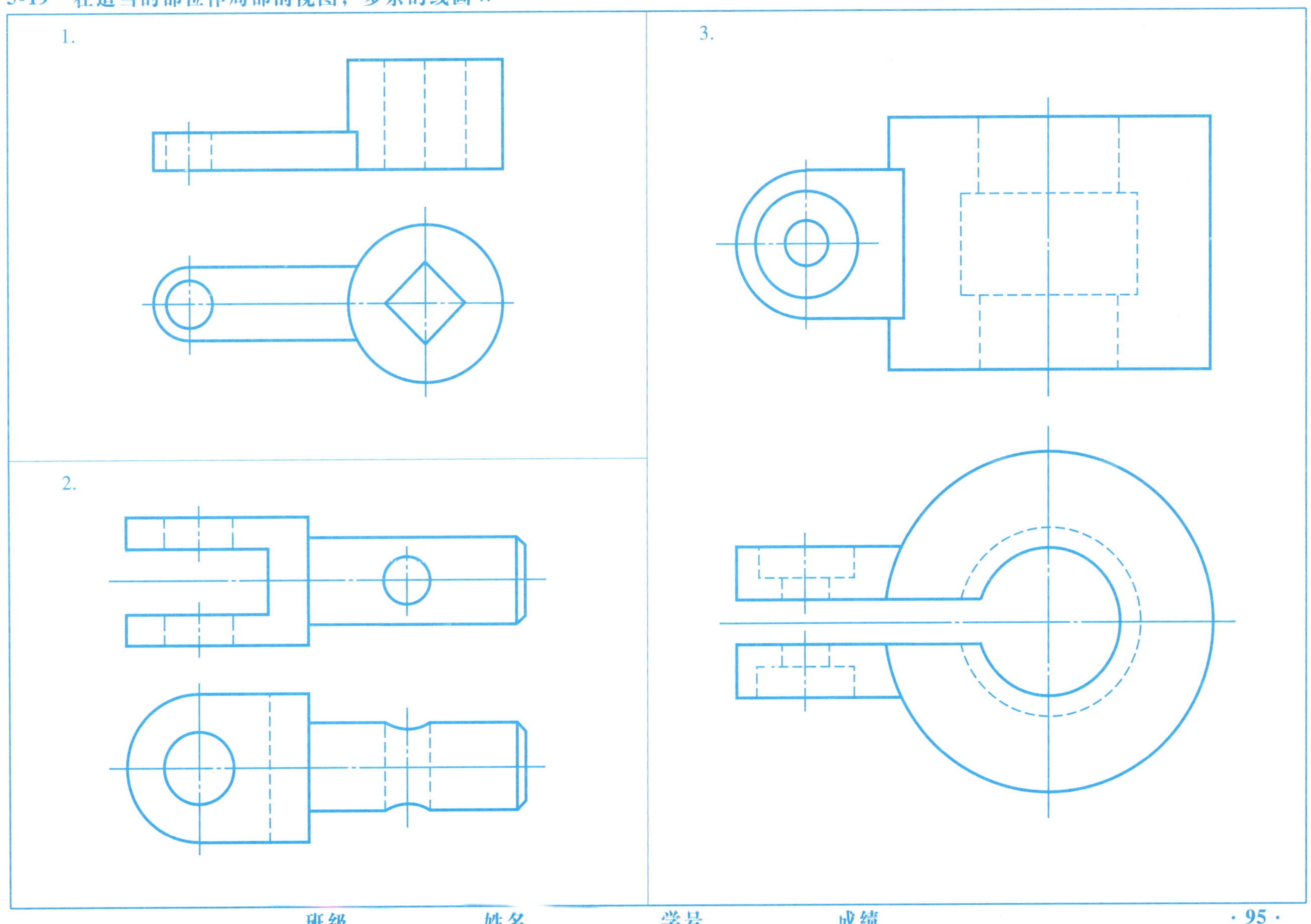

5-20 将主视图改画成全剖视图

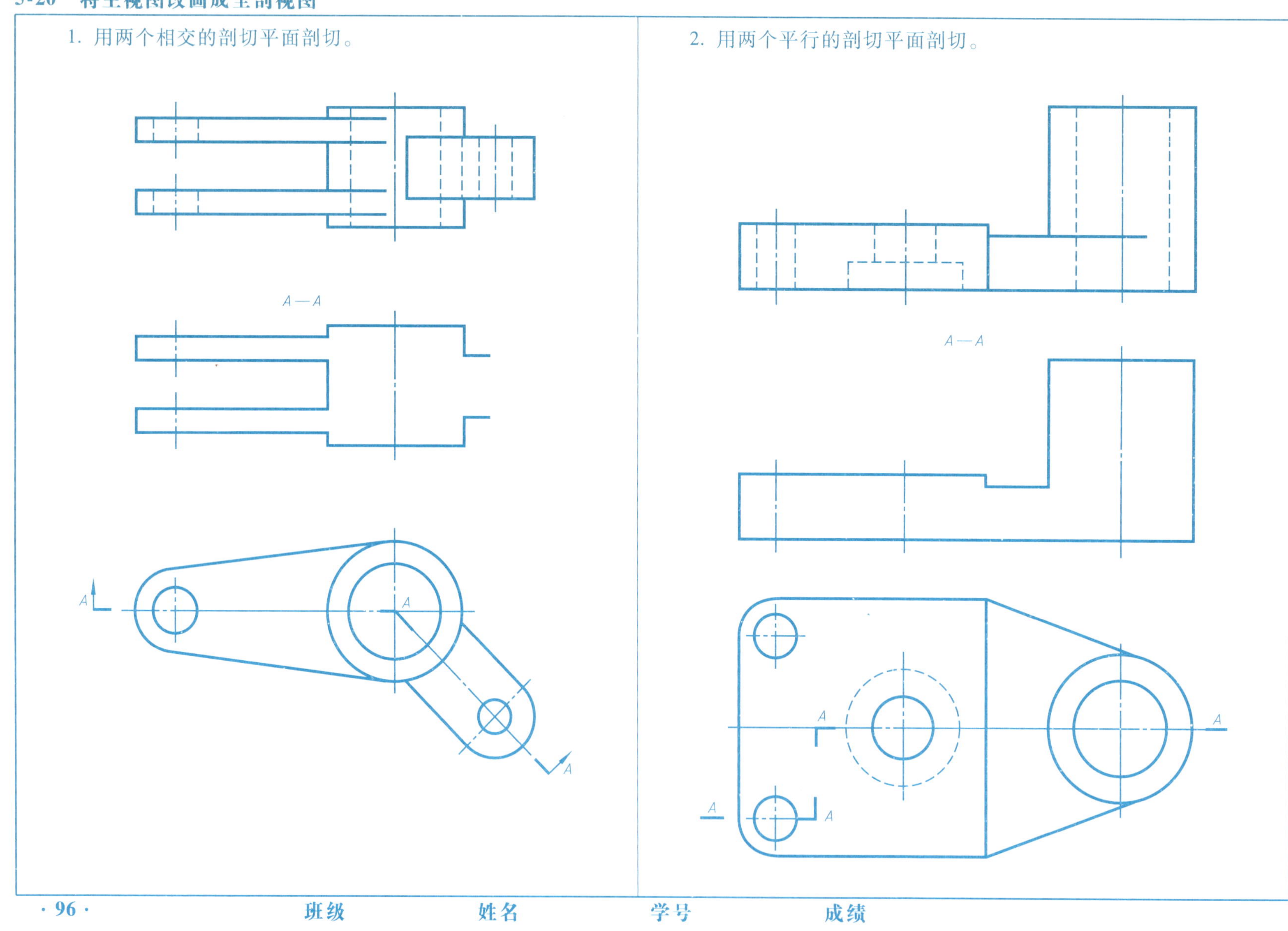

班级　　姓名　　学号　　成绩

5-21　选择正确的主视图，在（　　）内画√

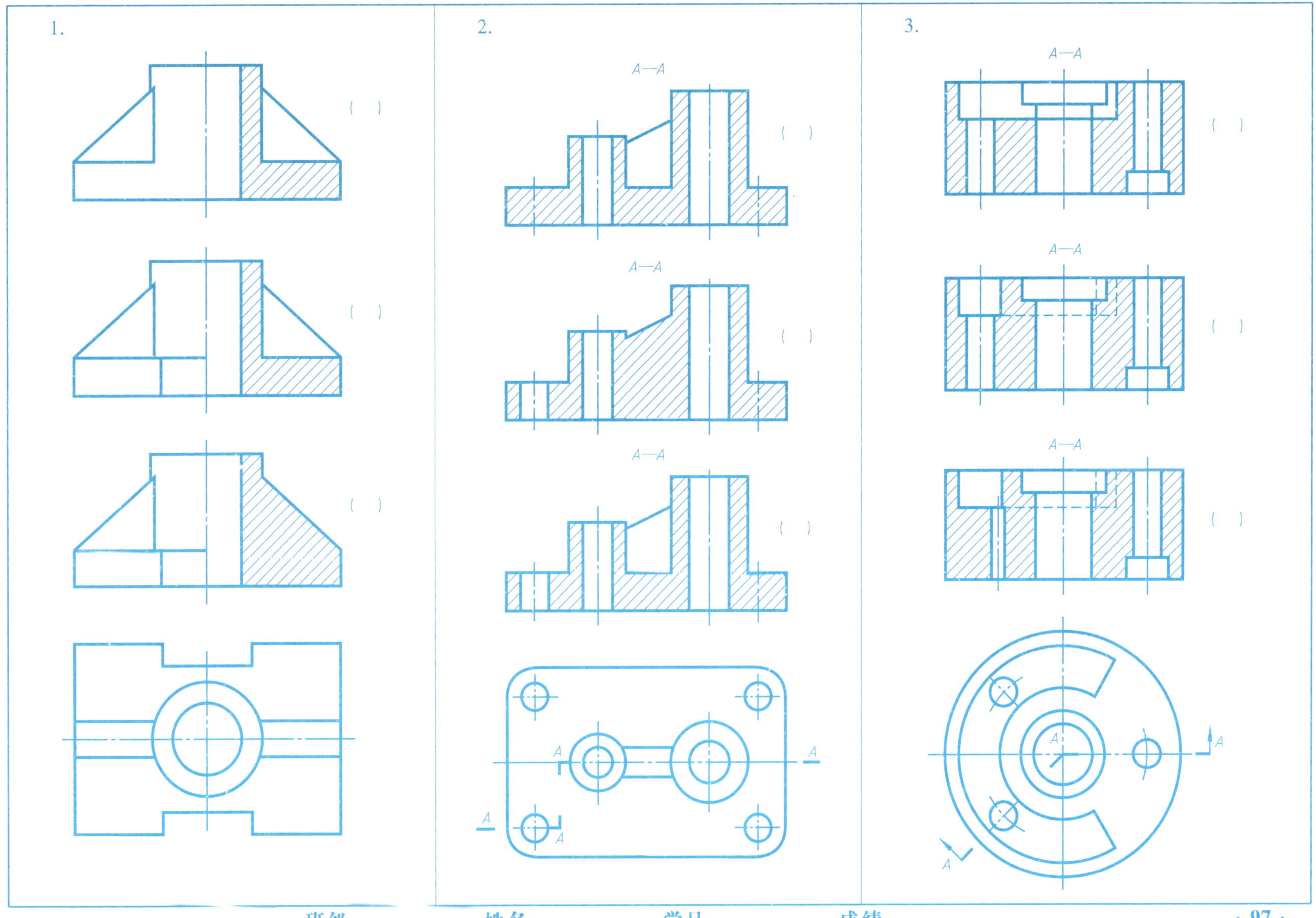

班级　　姓名　　学号　　成绩

5-22 剖视图的规定画法

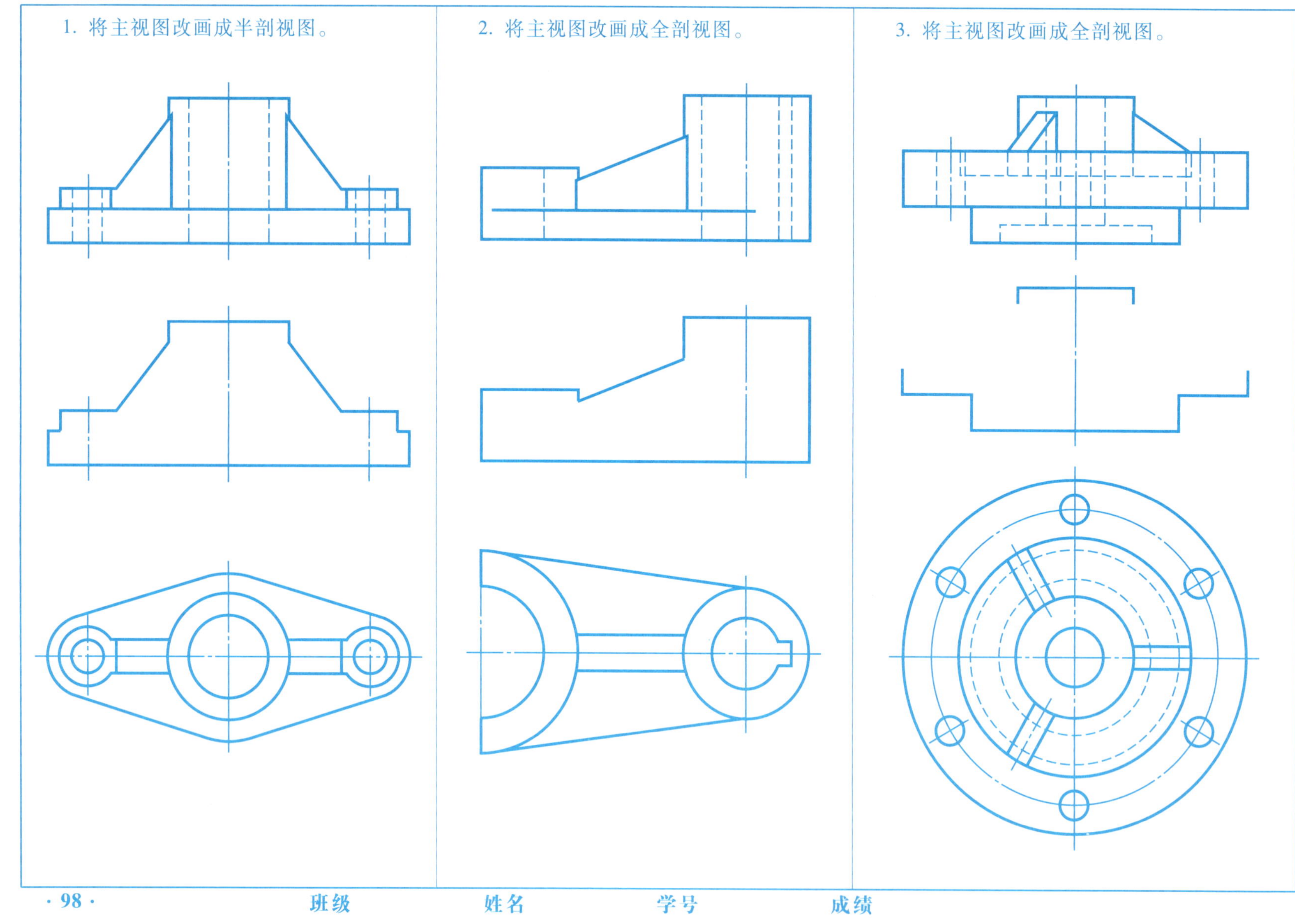

 班级 姓名 学号 成绩

5-23 找出正确的移出断面图

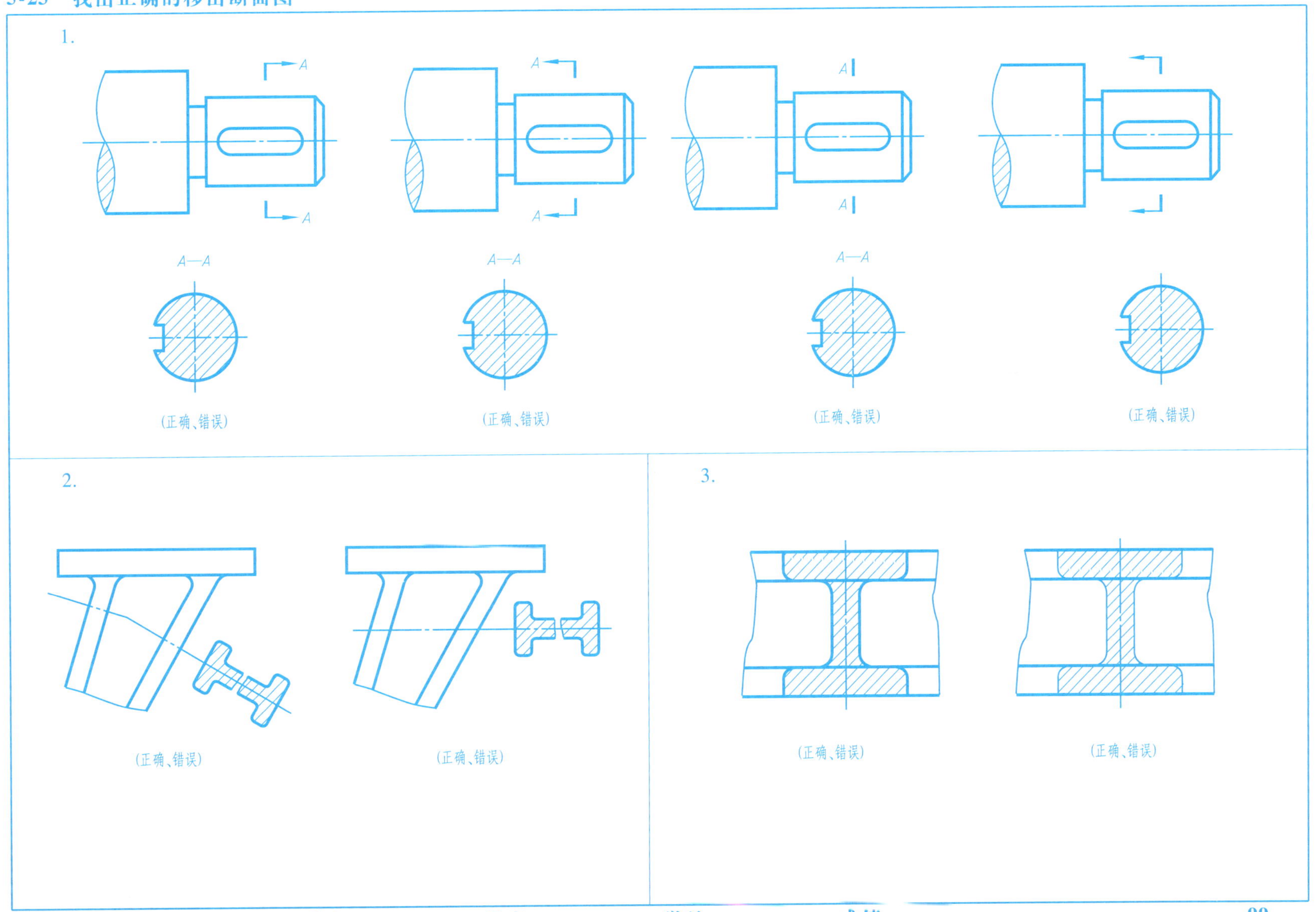

班级　　姓名　　学号　　成绩

5-24 找出正确的移出断面图

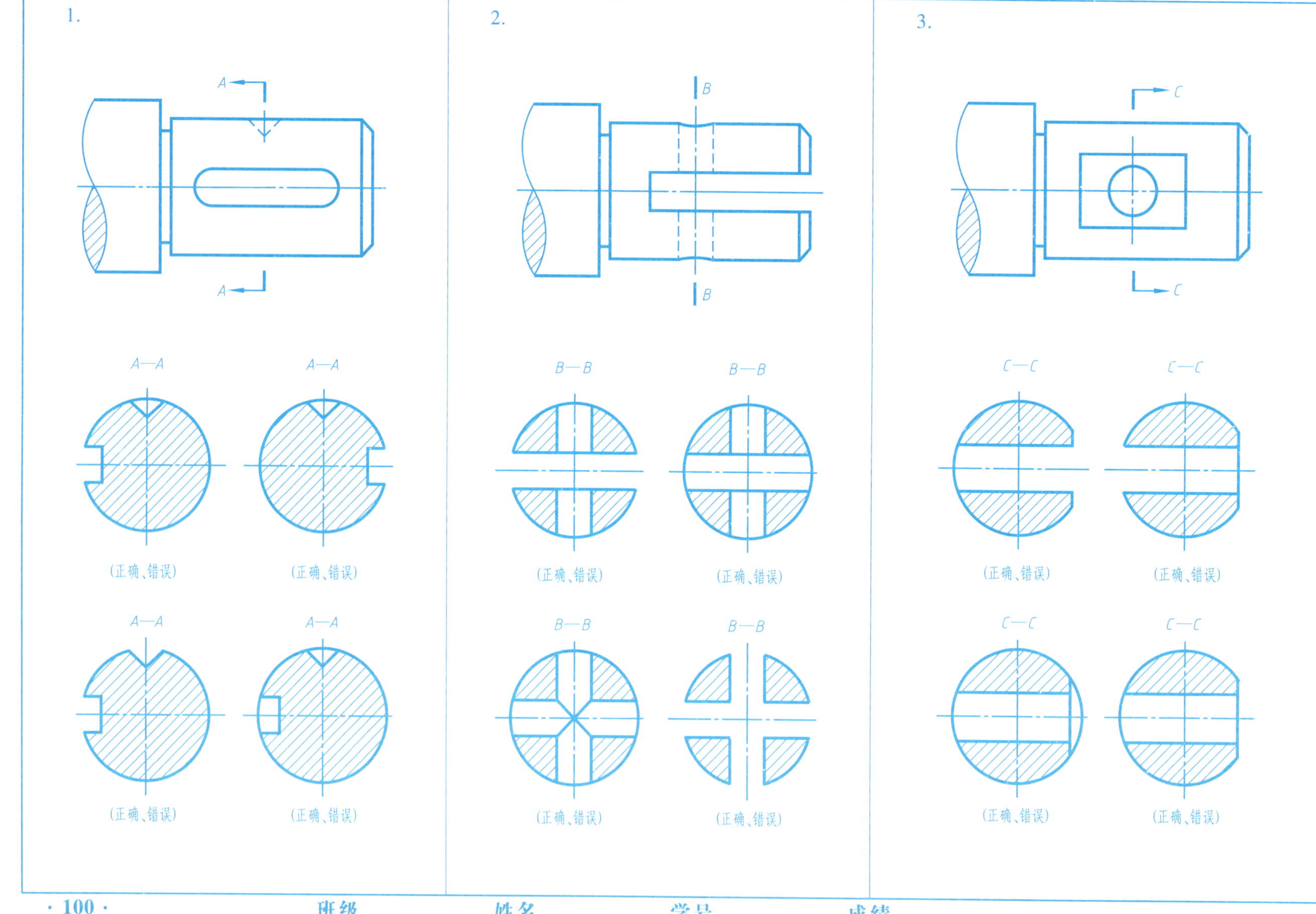

班级　　　姓名　　　学号　　　成绩

5-25　在指定位置画出移出断面图，尺寸按 1:1 从图中量取（取整数）

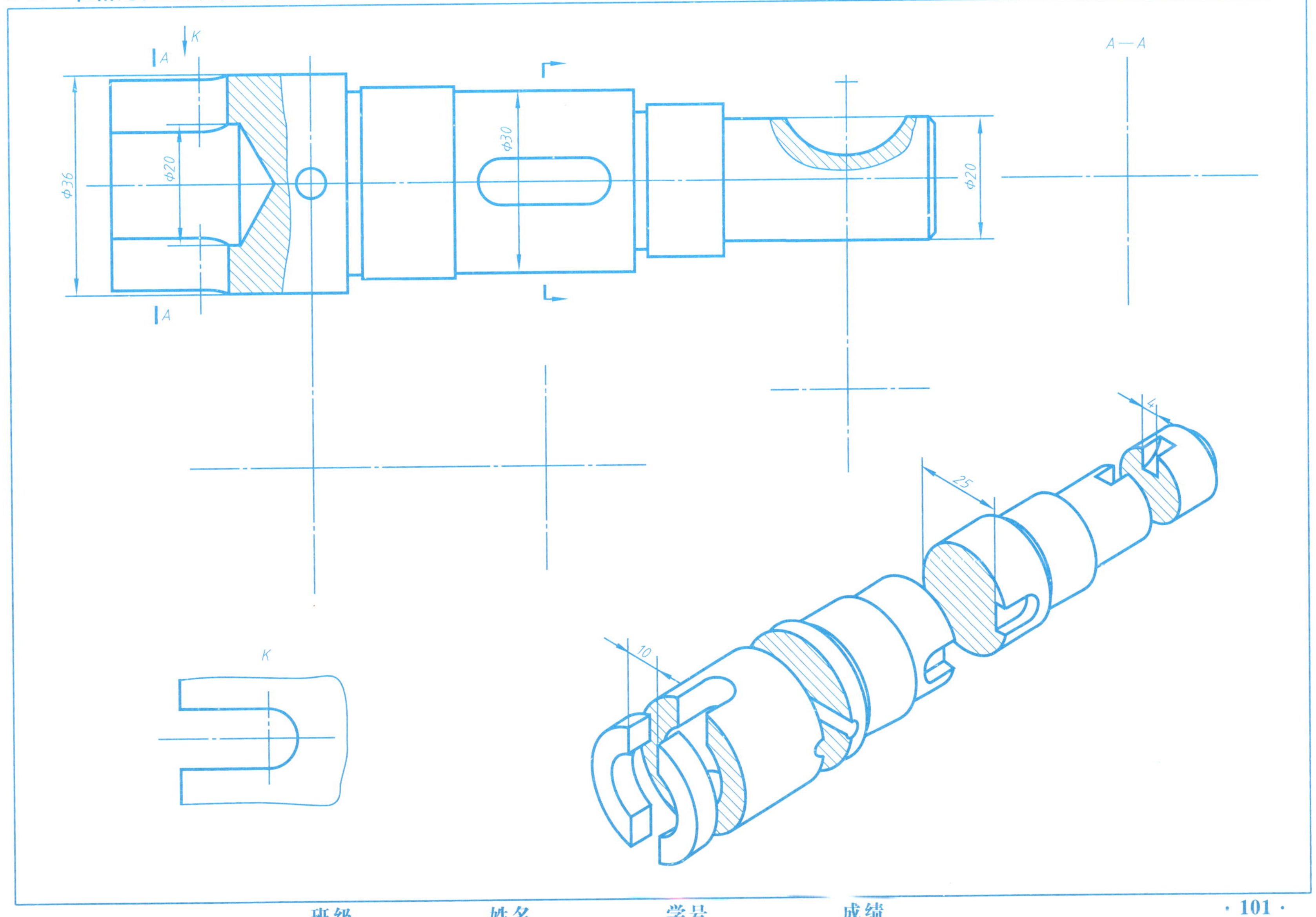

5-26 绘制断面图

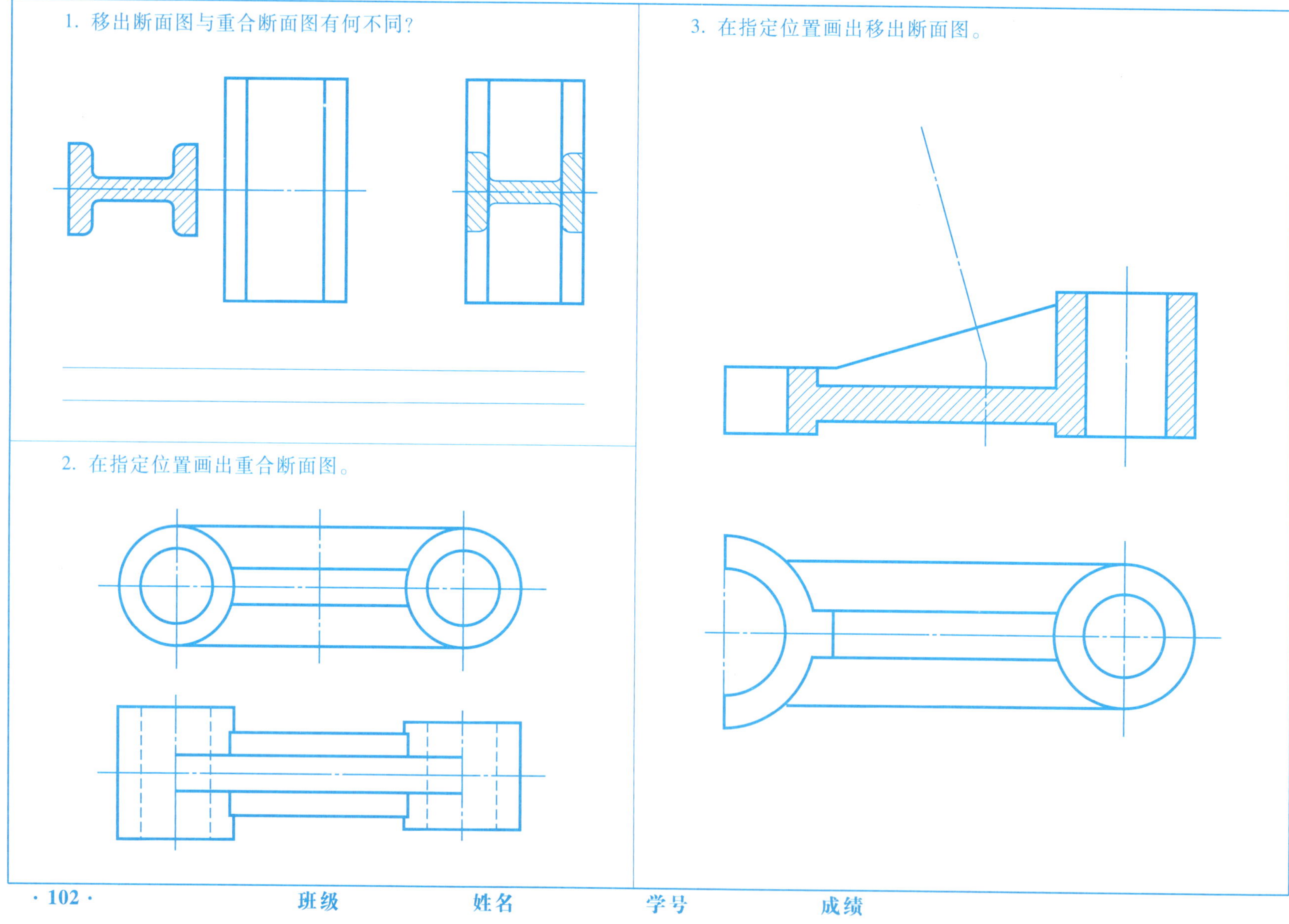

1. 移出断面图与重合断面图有何不同?

2. 在指定位置画出重合断面图。

3. 在指定位置画出移出断面图。

班级　　　　姓名　　　　学号　　　　成绩

№4 作业指导书

一、作业目的

1. 训练选择物体表达方法的基本能力。

2. 进一步理解剖视的概念，掌握剖视图的画法。

二、内容与要求

1. 根据支座的轴测图，按所注尺寸（比例 1:2）画出其三视图，并在视图上选取适当剖视，标注尺寸。

2. 自行确定比例及图纸幅面，铅笔描深。

三、注意事项

1. 应用形体分析法，看清物体的形状结构。首先考虑把主要结构表达清楚，对尚未表达清楚的结构可采用适当的表达方法予以解决。可多考虑几种表达方案进行比较，从中选择最佳方案。

2. 剖视图应直接画出，而不是先画成视图，再将视图改成剖视图。

3. 要注意剖视图的标注。分清哪些剖切位置可以不标注，哪些剖切位置必须标注。

4. 要特别注意局部剖视图中波浪线的画法。

5. 各视图中剖面线的方向和间隔应保持一致。

6. 应用形体分析法标注尺寸，确保所注尺寸既不遗漏，也不重复。

四、图例（右图）

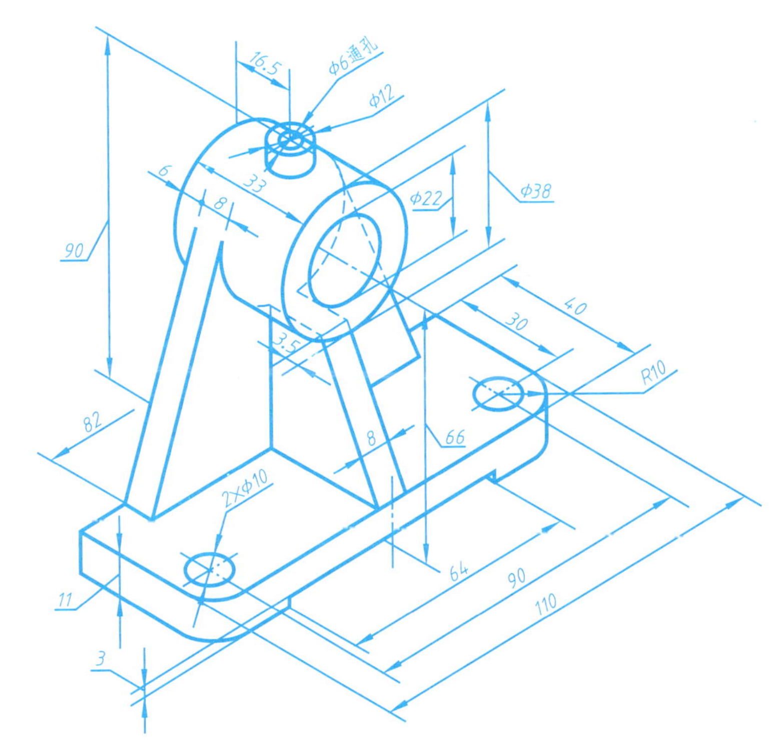

第六章　机械图样常用的表示法

6-1　回答下列问题

一、思考题

1. 请至少说出三种你见过的螺纹。

2. 外螺纹或内螺纹单独存在有意义吗？为什么？

3. 一对单线螺纹旋合时，转一圈旋进多少？

4. 螺纹采用规定画法后，还能看出螺纹的旋向吗？

5. 外螺纹牙底圆的直径按牙顶圆直径的多少倍绘制？（应记住）

6. 螺纹旋合在一起时，外螺纹牙顶圆的投影与内螺纹牙底圆的投影为什么要对齐？

二、填空题

1. 一外螺纹标记为“M16”，其中 M 是________代号，表示________螺纹，该螺纹为______牙（填粗或细），旋向为______旋，______和______的公差带代号为____，旋合长度为______。

2. 某普通螺纹标记中注有“Ph6 P2”，它表示________为 6mm，________为 2mm。

三、选择题

1. 对螺纹标记“M12×1-5g6g-L-LH”中前段部分的正确称呼是（　　）。

A. M12×1 是尺寸代号　　　B. M12×1 是螺纹代号

C. 12×1 是尺寸代号

2. 螺纹标记“M10”是指（　　）。

A. 内螺纹　B. 外螺纹　C. 内螺纹或外螺纹　D. 螺纹副

3. 按现行螺纹标准，螺纹特征代号 G 表示管螺纹，其名称是（　　）。

A. 圆柱管螺纹　　　B. 55°非密封管螺纹

C. 非螺纹密封的管螺纹

4. 管螺纹标记“G3/4”中的数字“3/4”是指（　　）。

A. 以 mm 为单位的管子通径　　　B. 以英寸为单位的管子通径

C. 以 mm 为单位的螺纹公称直径　　D. 无单位的尺寸代号

四、是非题（在括号内画√或画×）

1. 普通螺纹标记中的公称直径是指螺纹的大径。（　　）

2. 管螺纹标记中的尺寸代号 1/2，是指该管螺纹大径的基本尺寸。（　　）

3. 当普通螺纹为左旋时，应将其旋向代号“LH”注写在螺纹标记的最后。（　　）

4. 某螺孔的标记为“M10”，这一简化标记无法确定螺纹的公差带代号。（　　）

5. 凡是左旋标准螺纹，必须在标记中注写“LH”，标记中无“LH”者均应理解为右旋螺纹。（　　）

班级　　姓名　　学号　　成绩

6-2 找出下列外螺纹画法中的错误（用铅笔圈出）

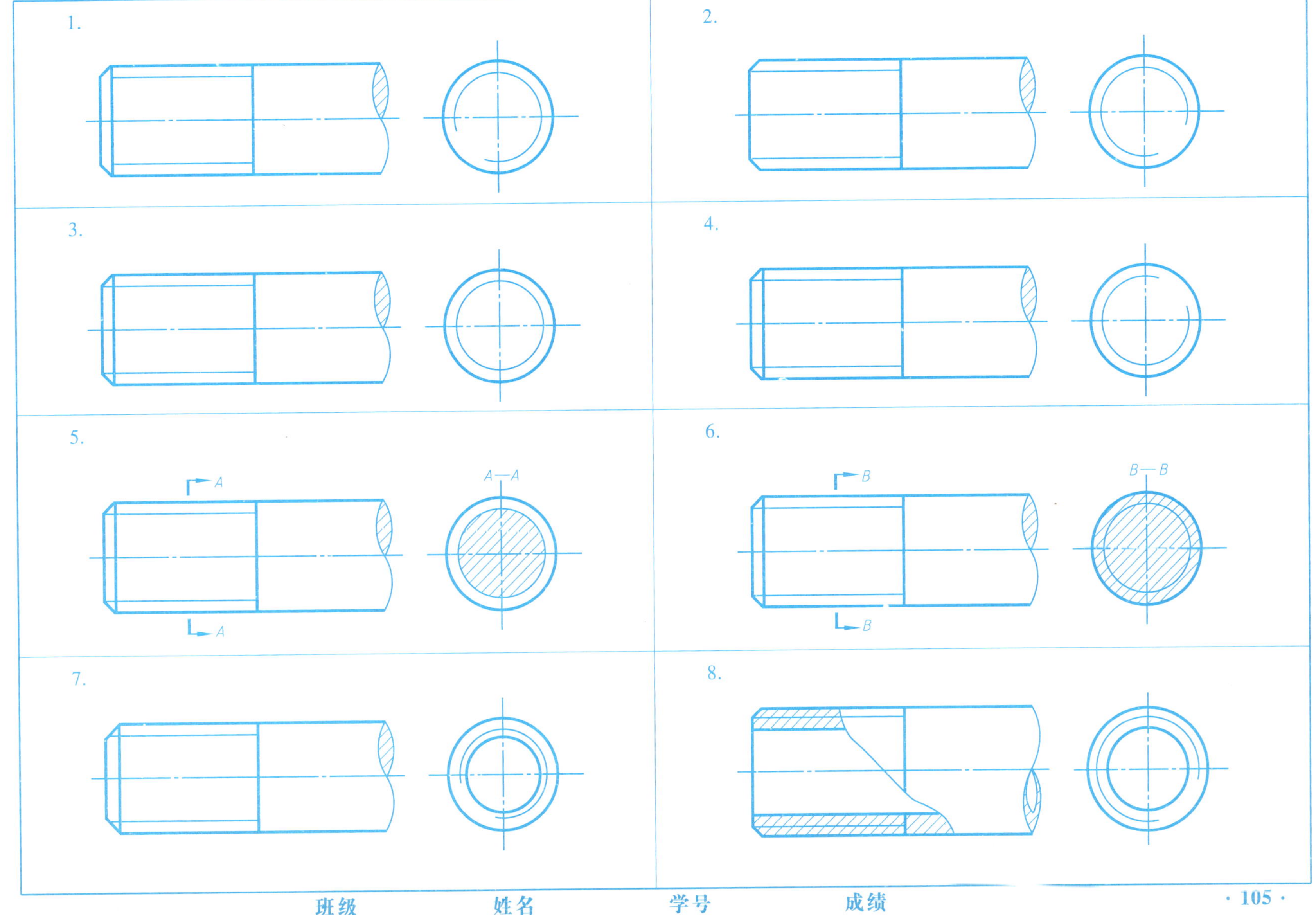

班级　　姓名　　学号　　成绩

6-3 找出下列内螺纹画法中的错误（用铅笔圈出）

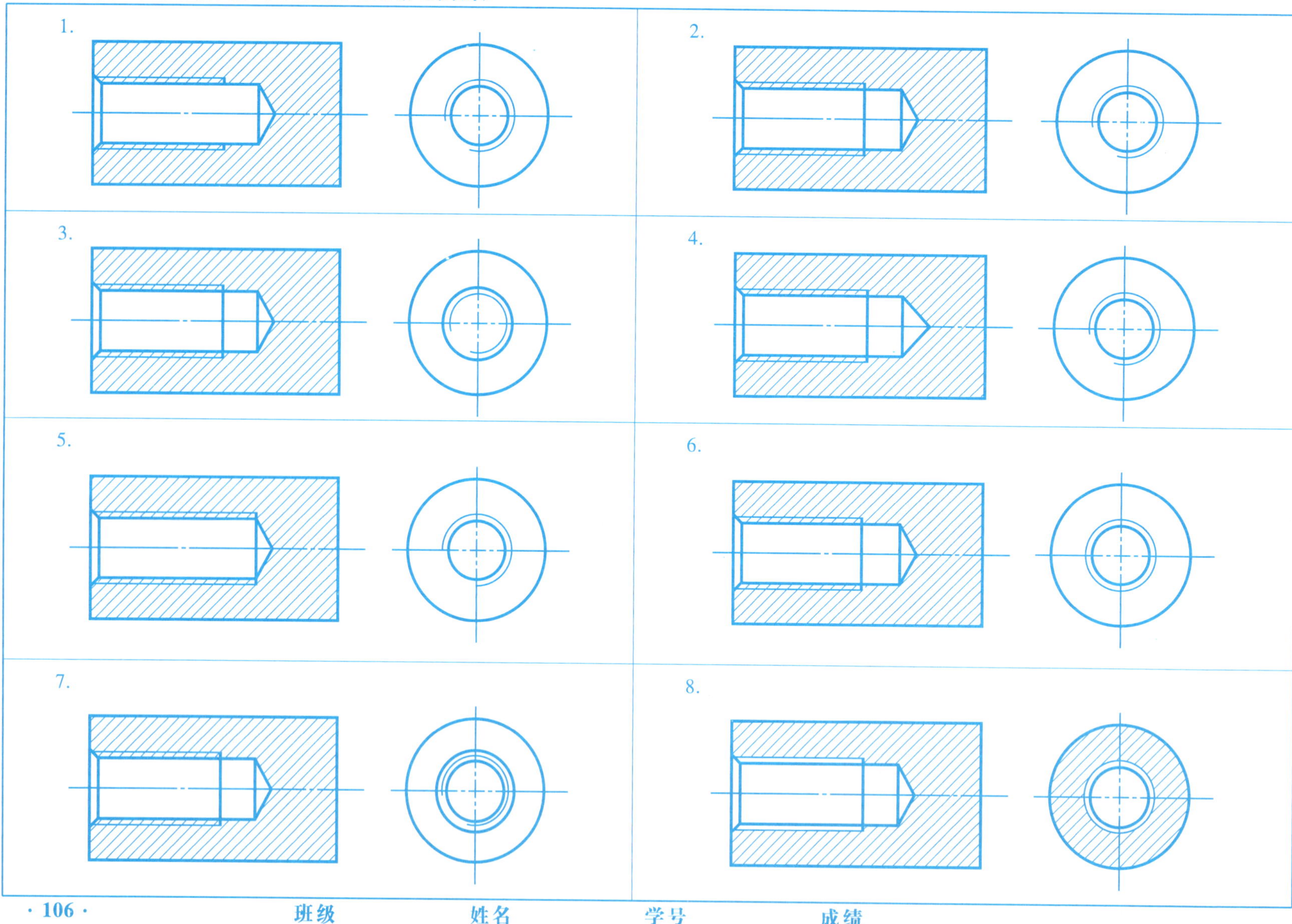

班级　　姓名　　学号　　成绩

6-4 找出下列螺纹连接画法中的错误（用铅笔圈出）

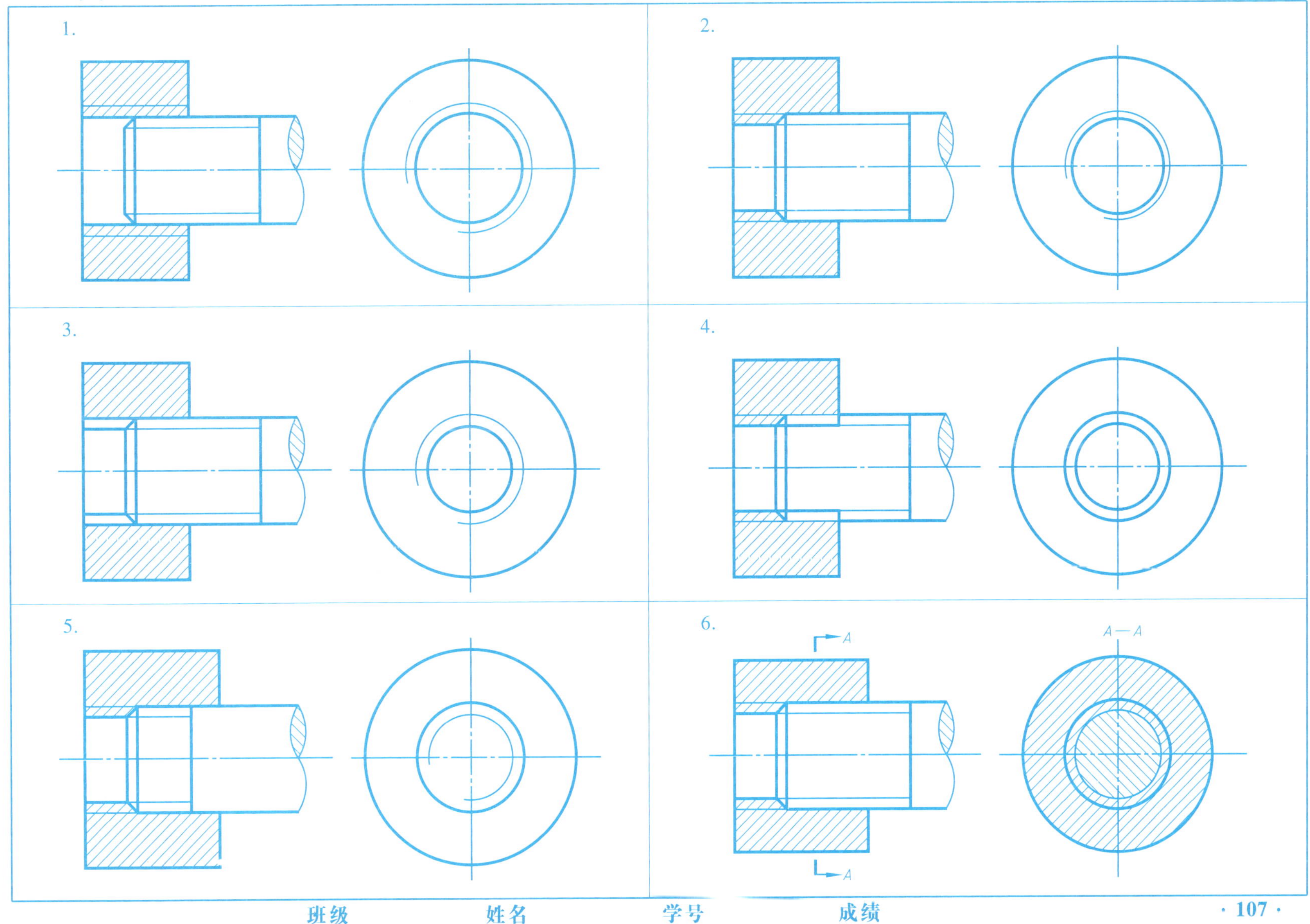

6-5 按给定的尺寸，根据螺纹规定画法画出螺纹

1. 外螺纹（$d=24$mm），螺纹长度为35mm。

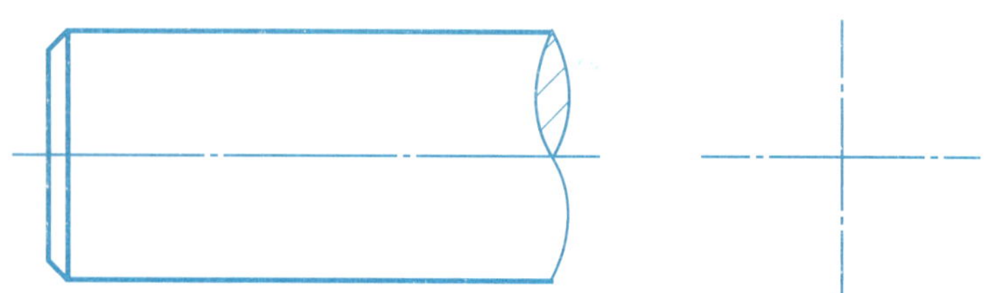

2. 螺纹通孔（$D=20$mm），两端孔口倒角$C1.5$。

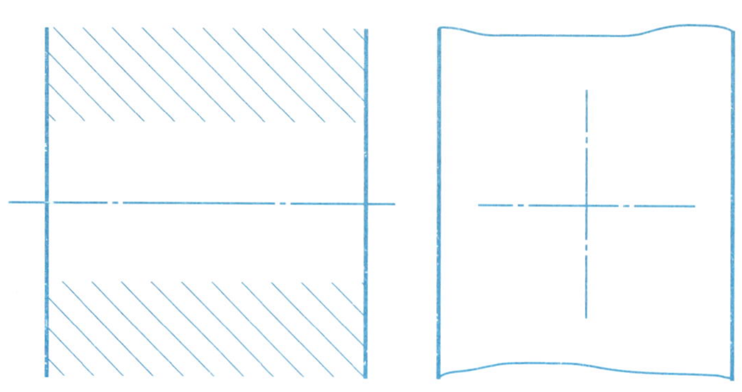

3. 螺纹不通孔（$D=16$mm），钻孔深度30mm，螺纹深度22mm，孔口倒角$C1.5$（钻孔底部的画法，参见主教材图6-8）。

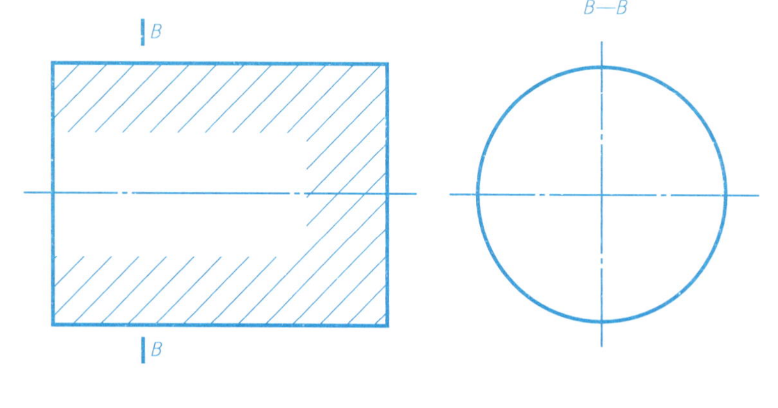

4. 按螺纹连接的规定画法完成下列图形。

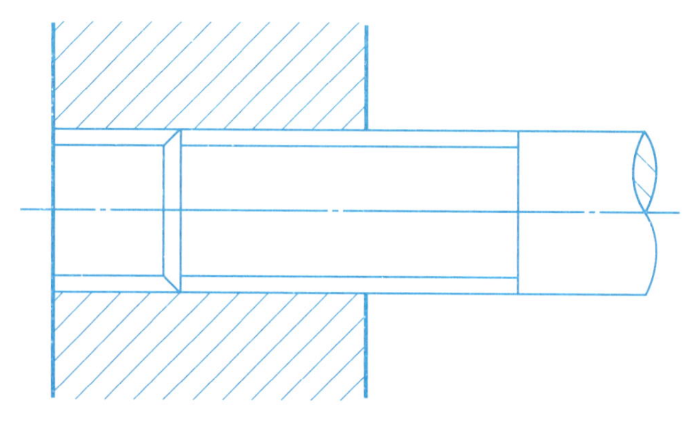

班级　　姓名　　学号　　成绩

6-6 根据螺纹标记，查主教材附表 1 和附表 2，填写下列内容

普通螺纹标记	螺纹名称	公称直径	螺距	中径 公差带	顶径 公差带	旋向 长度	旋向
M20 （注：外螺纹）							
M10 × 1-6h							
M16-6G-LH							
M20 × 2-5H-S							
M24 （注：内螺纹）							
M30-7g6g-L							
M20 × 1. 5-6e-LH							
M12-6G							

管螺纹标记	螺纹名称	尺寸代号	大径	中径	小径	螺距	每 25.4mm 内的牙数	旋向
Rc2½-LH								
Rp3								
R_1¾-LH								
G1¼A								
G1¼-LH								

班级　　　　姓名　　　　学号　　　　成绩

6-7 找出下列螺纹标注的错误，想一想，如何修改

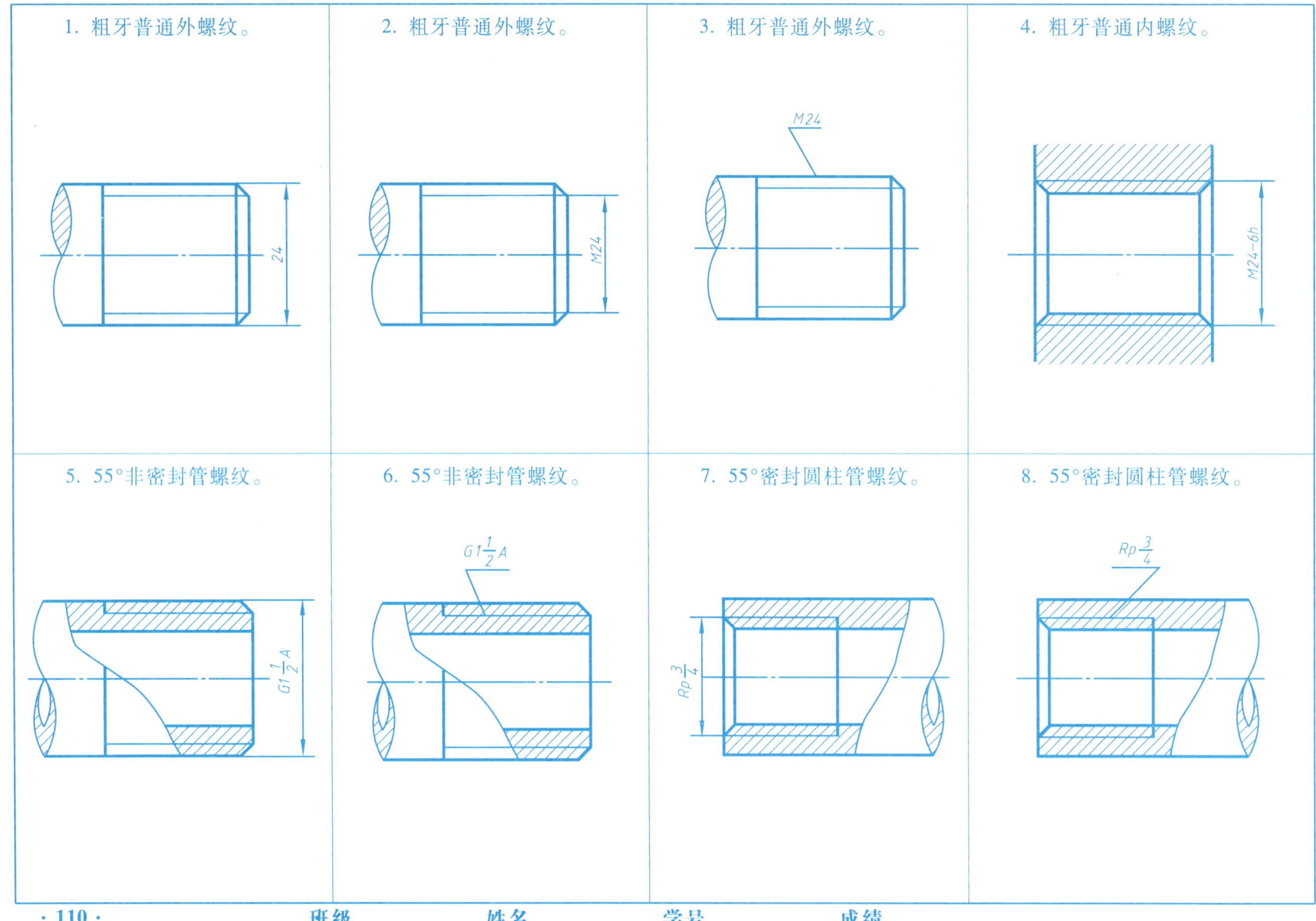

6-8 标注螺纹尺寸

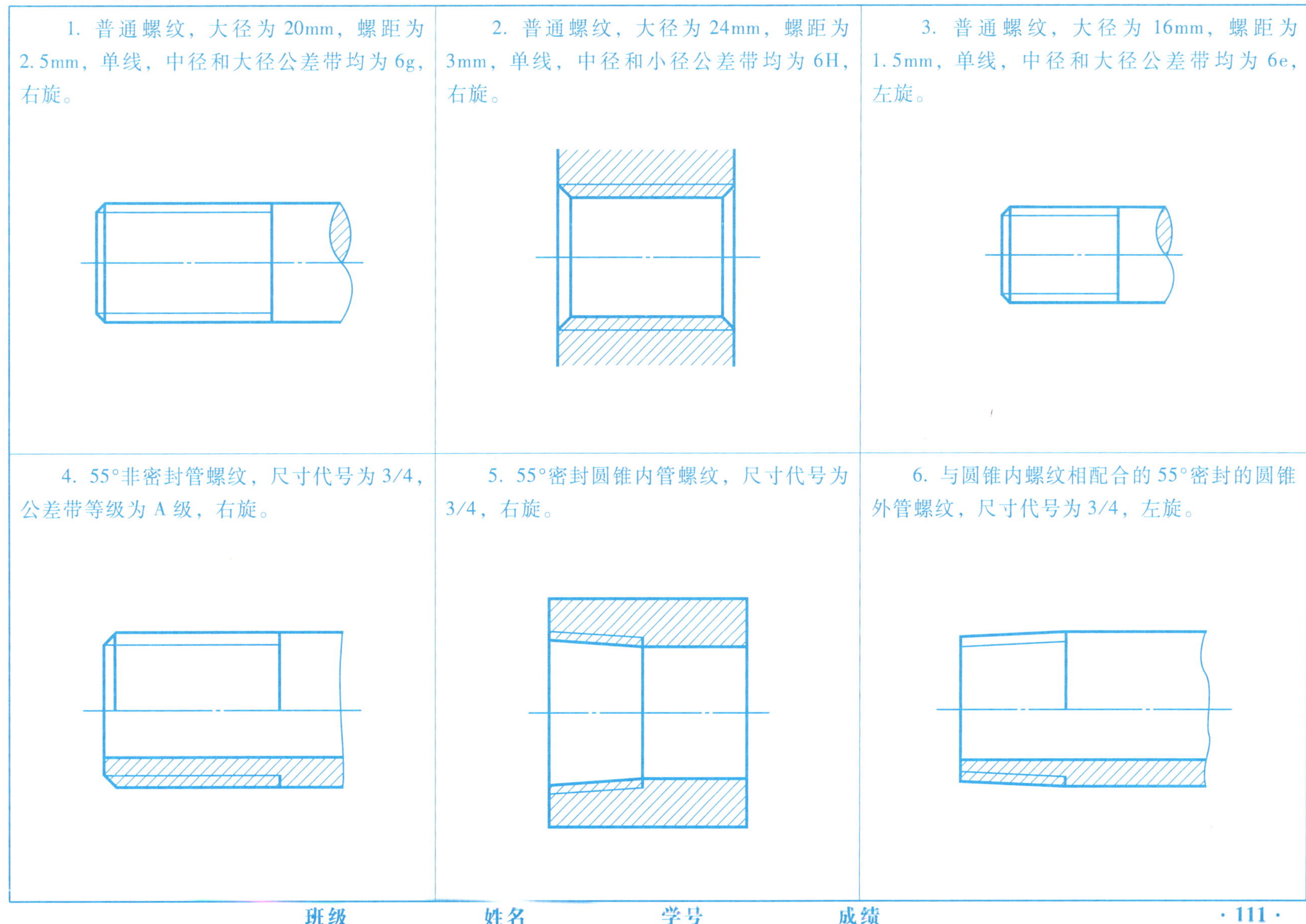

班级　　姓名　　学号　　成绩

6-9 查表确定下列各标准件的尺寸，并写出规定标记

1. 六角头螺栓　C 级。

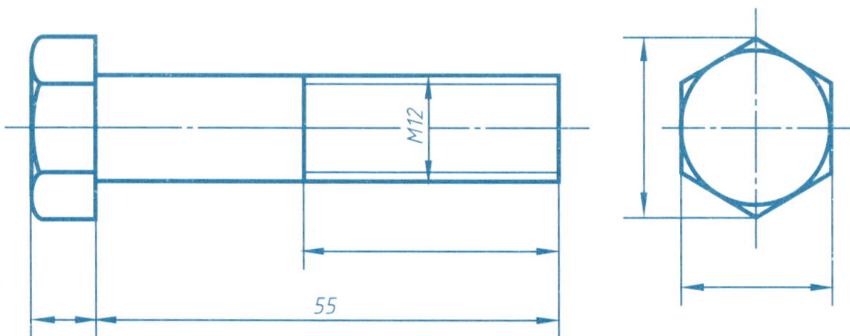

规定标记______________________________

2. 双头螺柱（B 型，$b_m = 1.25d$）。

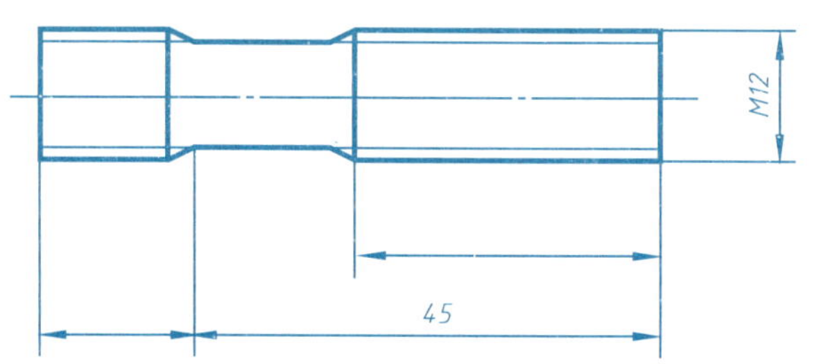

规定标记______________________________

3. 六角螺母　C 级。

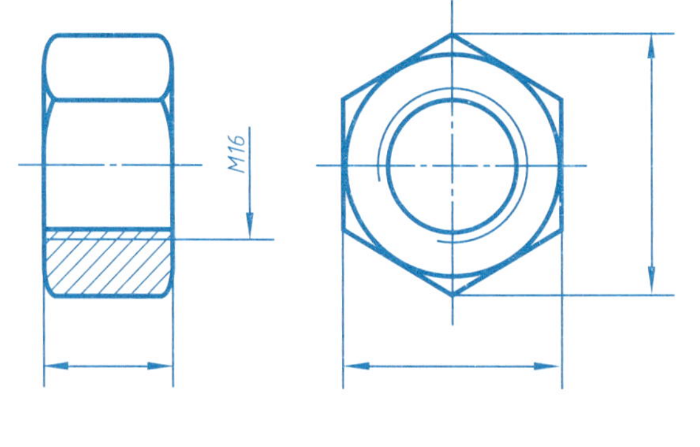

规定标记______________________________

4. 平垫圈　C 级。

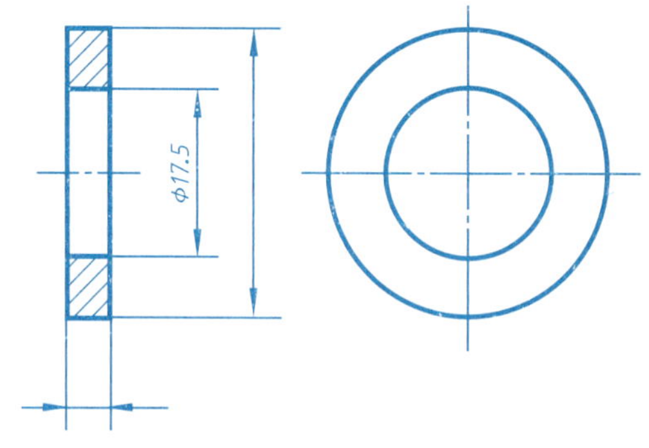

规定标记______________________________

班级　　　　姓名　　　　学号　　　　成绩

6-10 找出螺栓和螺柱连接画法中的错误（用铅笔标出错处）

1.

2.

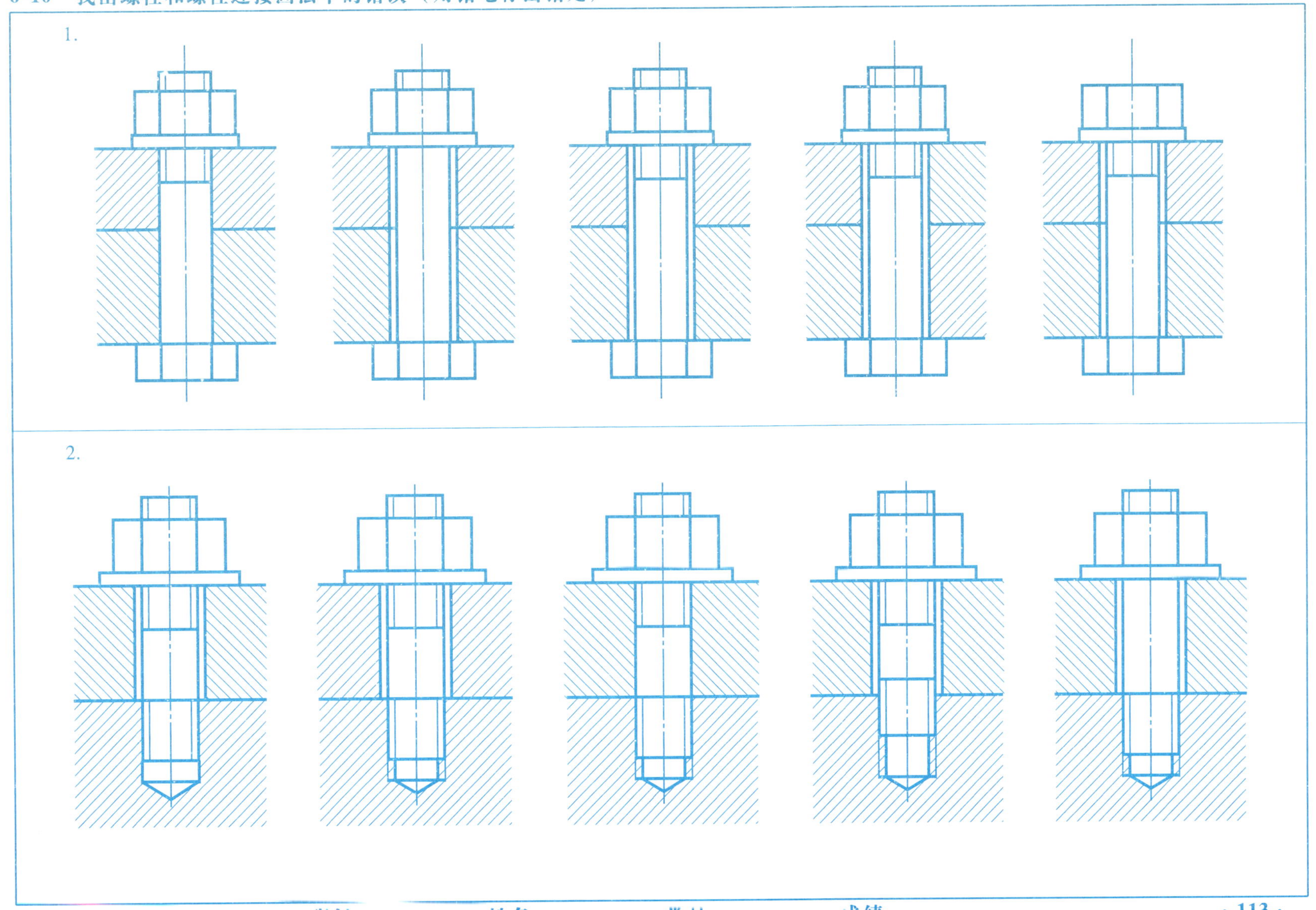

班级 姓名 学号 成绩

6-11 找出螺栓连接三视图中的错误（每题 3 处，用铅笔圈出）

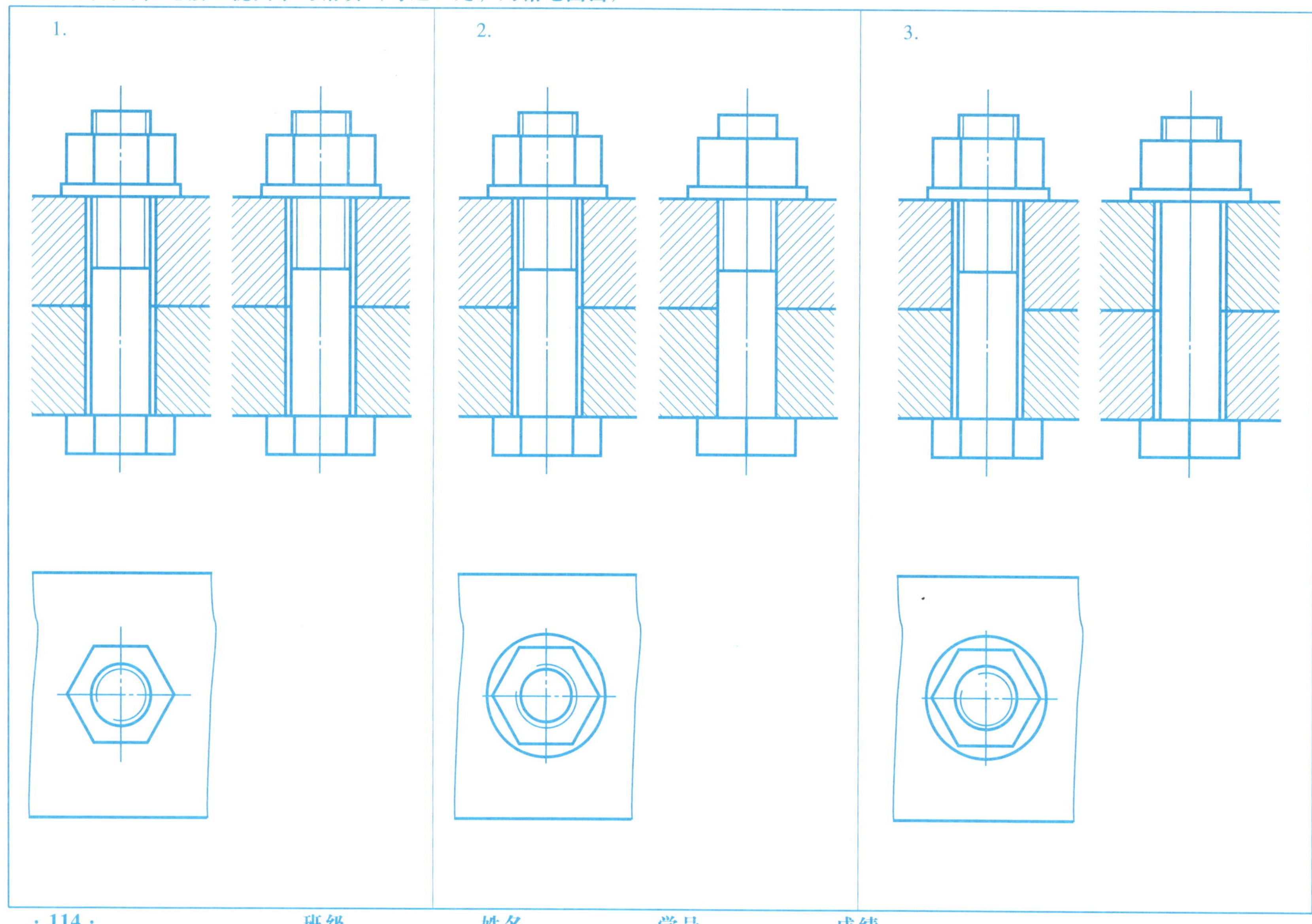

 班级 姓名 学号 成绩

6-12 螺栓连接与螺柱连接

1. 补画螺栓连接三视图中遗漏的图线。

2. 对比下面两组图形，徒手圈出右图中的 5 处错误。

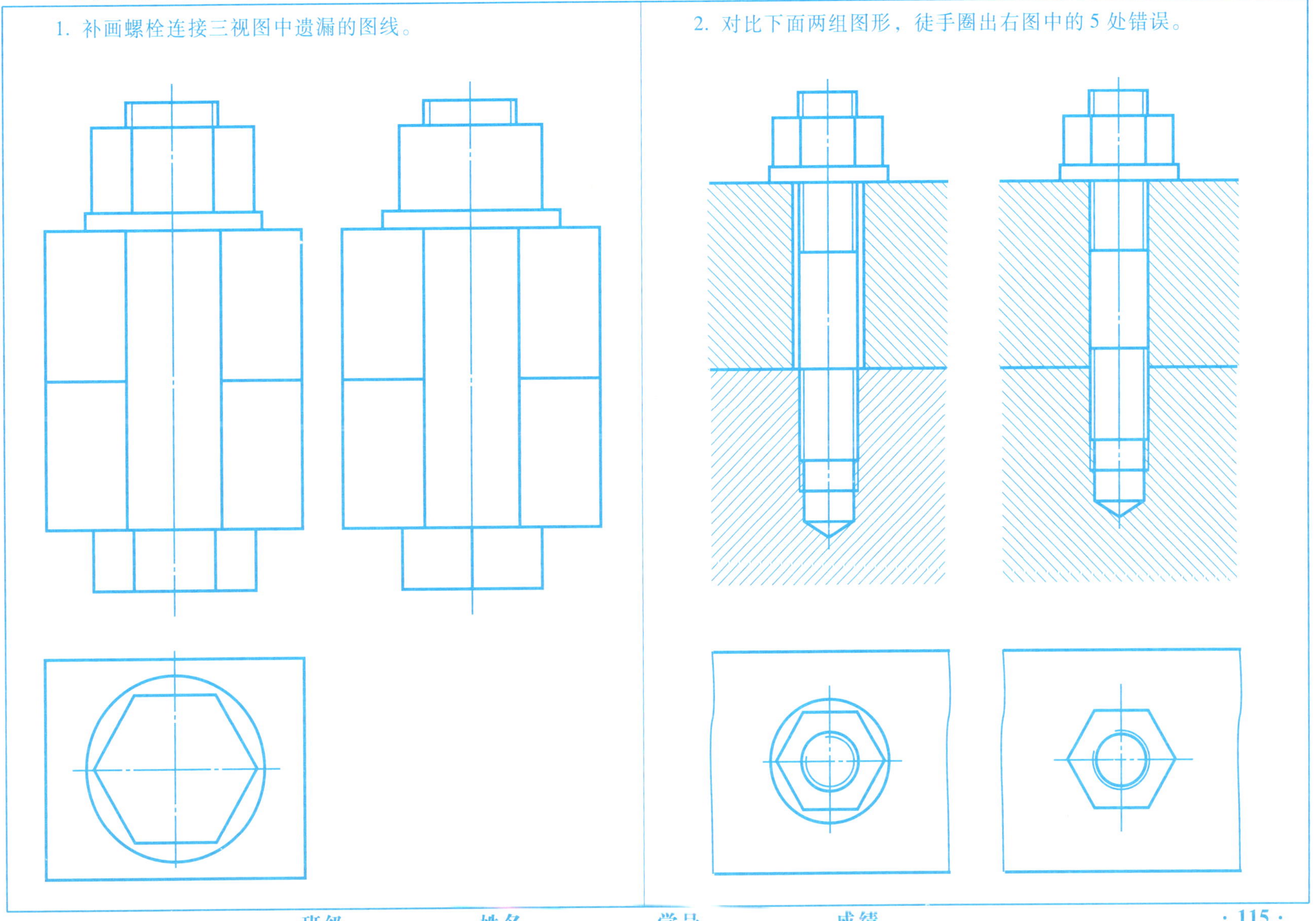

6-13 标注表面粗糙度

1. 找出表面粗糙度的标注错误，按正确的注法标在下图中。

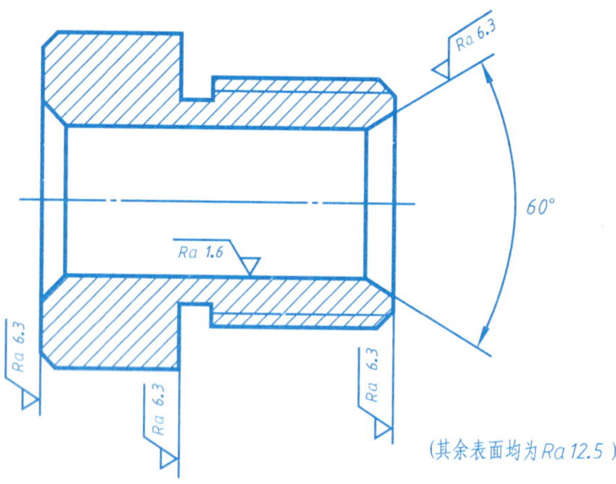

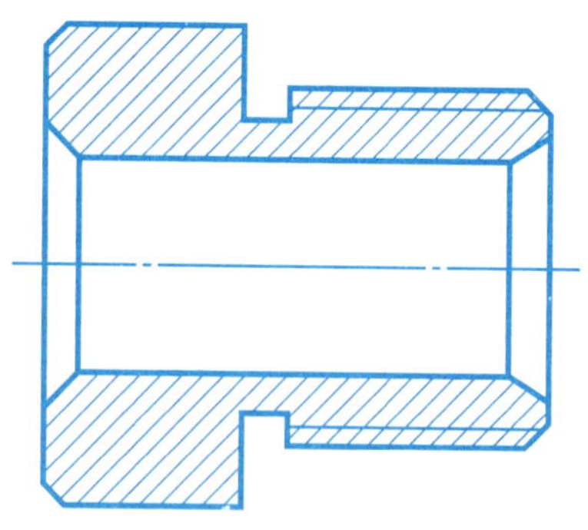

2. 将表中给定的表面粗糙度，标注在相应的零件表面上。

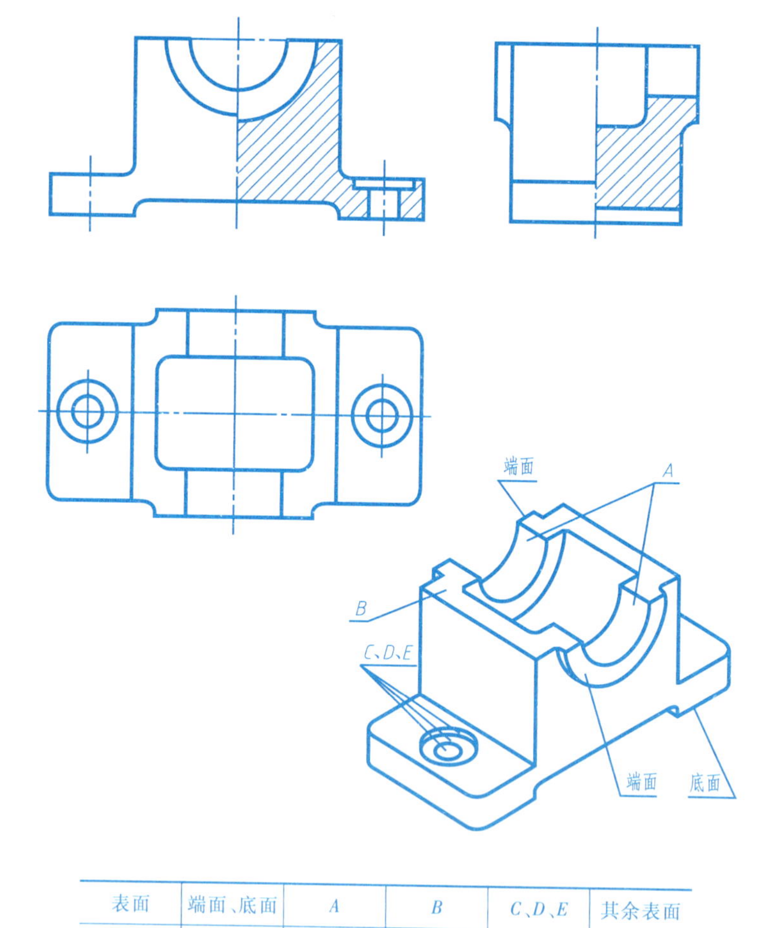

表面	端面、底面	A	B	C、D、E	其余表面
Ra	6.3	1.6	3.2	12.5	∀

班级　　姓名　　学号　　成绩

6-14 按表中给出的 *Ra* 数值标注表面粗糙度（一）

1.

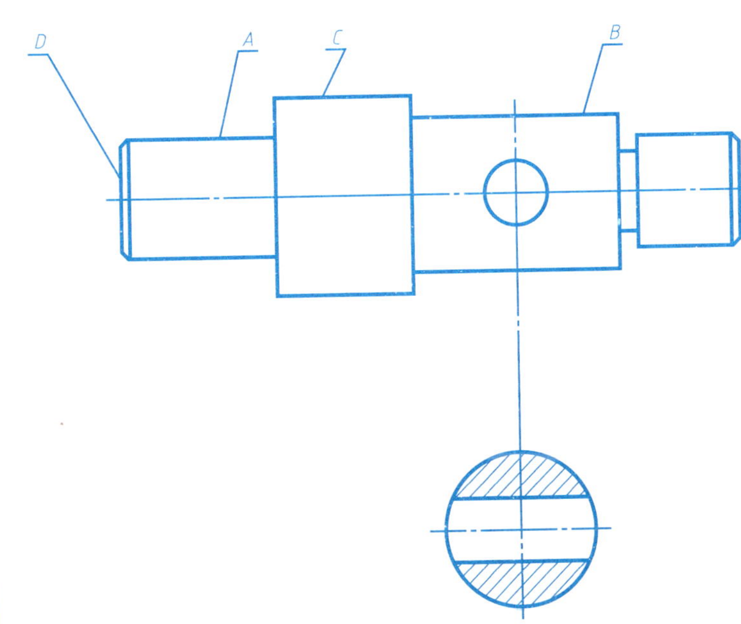

表面	*A*	*B*	*C*	*D*	其余表面
Ra	6.3	12.5	3.2	6.3	25

2.

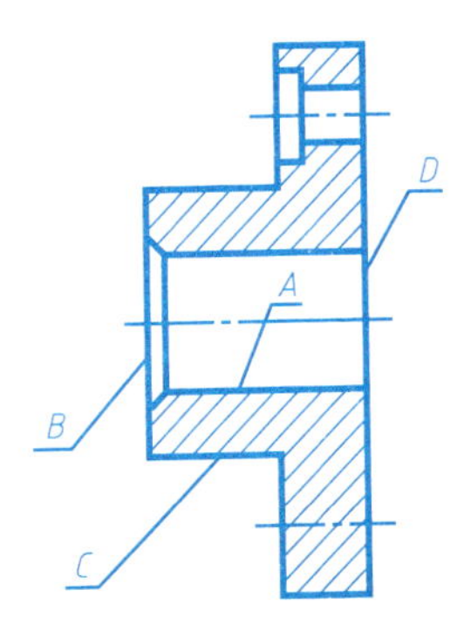

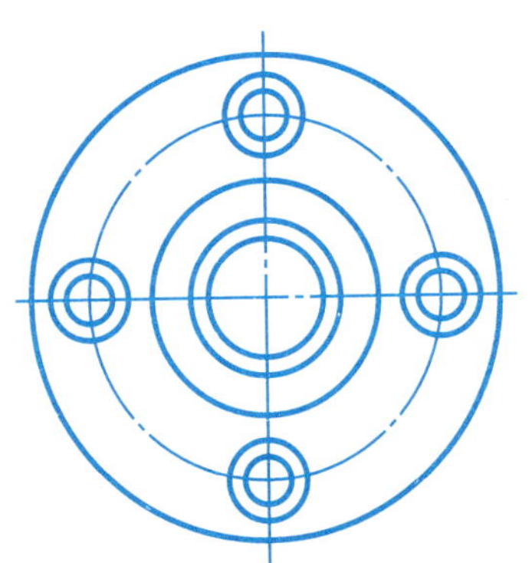

表面	*A*	*B*	*C*	*D*	其余表面
Ra	0.8	1.6	3.2	6.3	12.5

班级　　姓名　　学号　　成绩

6-15 按表中给出的 *Ra* 值，在图中标注表面粗糙度（二）

1.

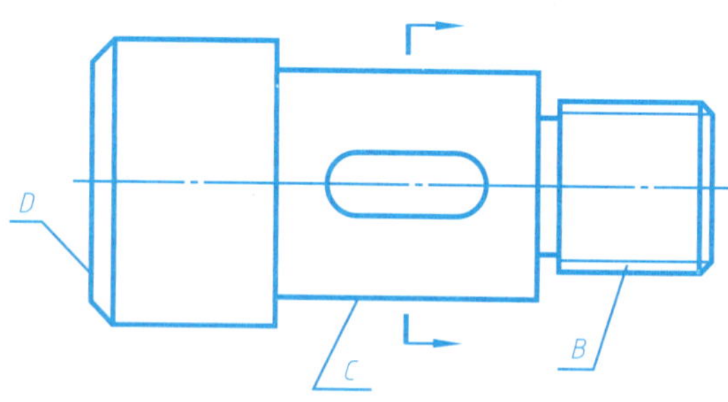

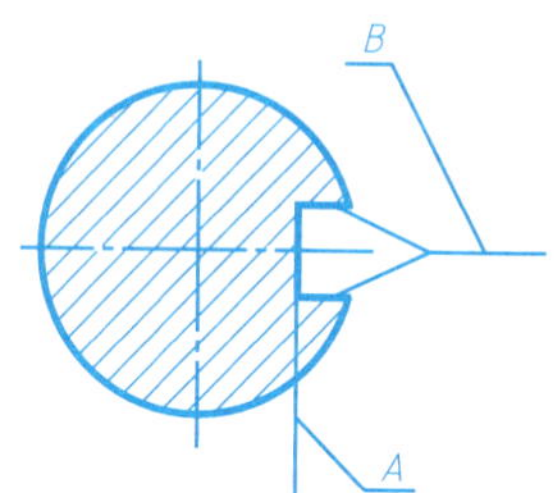

表面	A	B	C	D	其余表面
Ra	6.3	3.2	1.6	12.5	25

2.

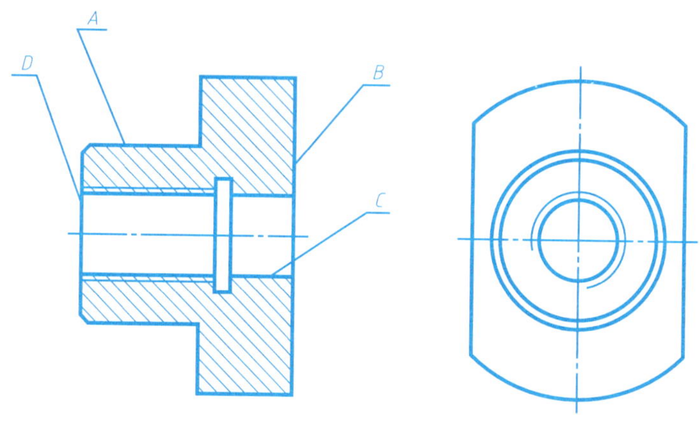

表面	A	B	C	D	其余表面
Ra	6.3	12.5	3.2	6.3	25

班级　　姓名　　学号　　成绩

6-16 极限与配合基本知识练习

1. 根据图中所标注的尺寸，填写右表。

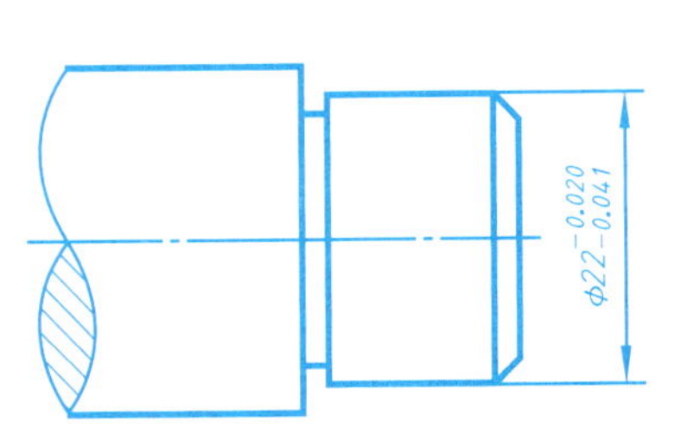

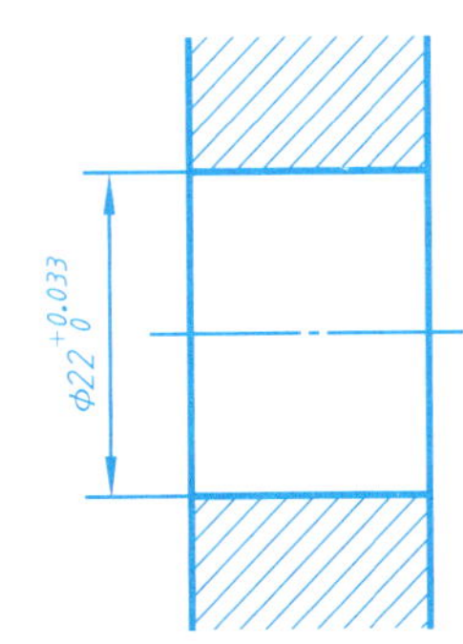

孔或轴 / 名称	轴	孔
公称尺寸		
上极限尺寸		
下极限尺寸		
上极限偏差		
下极限偏差		
公差		

2. 将正确注法写在（　）内。

（1）$\phi 70^{\ 0}_{-0.046}$（　　　　）

（2）$\phi 20^{-0.02}_{-0.041}$（　　　　）

（3）$\phi 90_{\pm 0.011}$（　　　　）

（4）$\phi 25^{+0.021}_{\ 0}$（　　　　）

3. 查主教材附录，将极限偏差数值填入（　）内

（1）ϕ50H8（　　　　）

（2）ϕ20JS7（　　　　）

（3）ϕ40f8（　　　　）

（4）ϕ50h7（　　　　）

4. 查主教材附录，将公差带代号写在基本尺寸之后。

孔 ϕ30　　$\left(^{+0.033}_{\ 0}\right)$

孔 ϕ40　　$\left(^{-0.008}_{-0.033}\right)$

轴 ϕ35　　$\left(^{\ 0}_{-0.039}\right)$

轴 ϕ60　　$\left(^{+0.030}_{+0.011}\right)$

6-17 解释配合代号的含义，并查出极限偏差数值，标注在零件图上

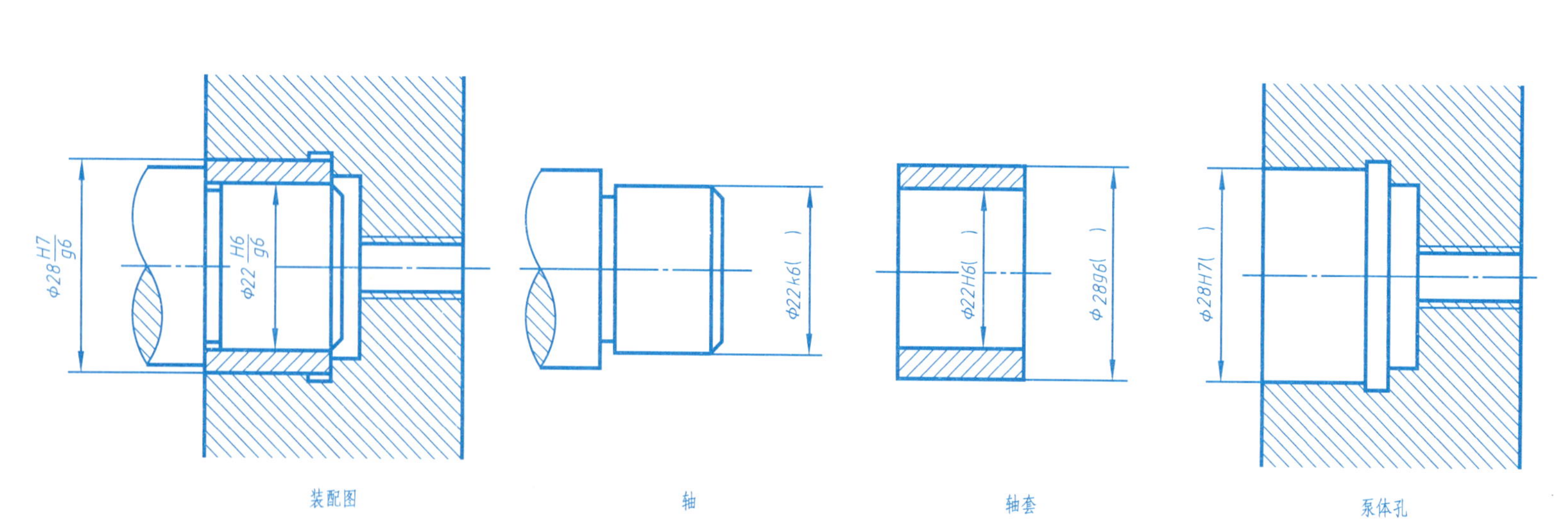

1. 轴套与泵体孔 $\phi 28\ \frac{H7}{g6}$：公称尺寸为______，基______制，______配合。

2. 轴套的上极限偏差为______，下极限偏差为______；泵体的上极限偏差为______，下极限偏差为______。

3. 轴套与轴径 $\phi 22\ \frac{H6}{k6}$：公称尺寸为______，基______制，______配合。

4. 轴套的上极限偏差为______，下极限偏差为______；轴径的上极限偏差为______，下极限偏差为______。

6-18　根据孔和轴的极限偏差值，查表确定其配合代号后分别注出，并解释配合代号的含义（填空）

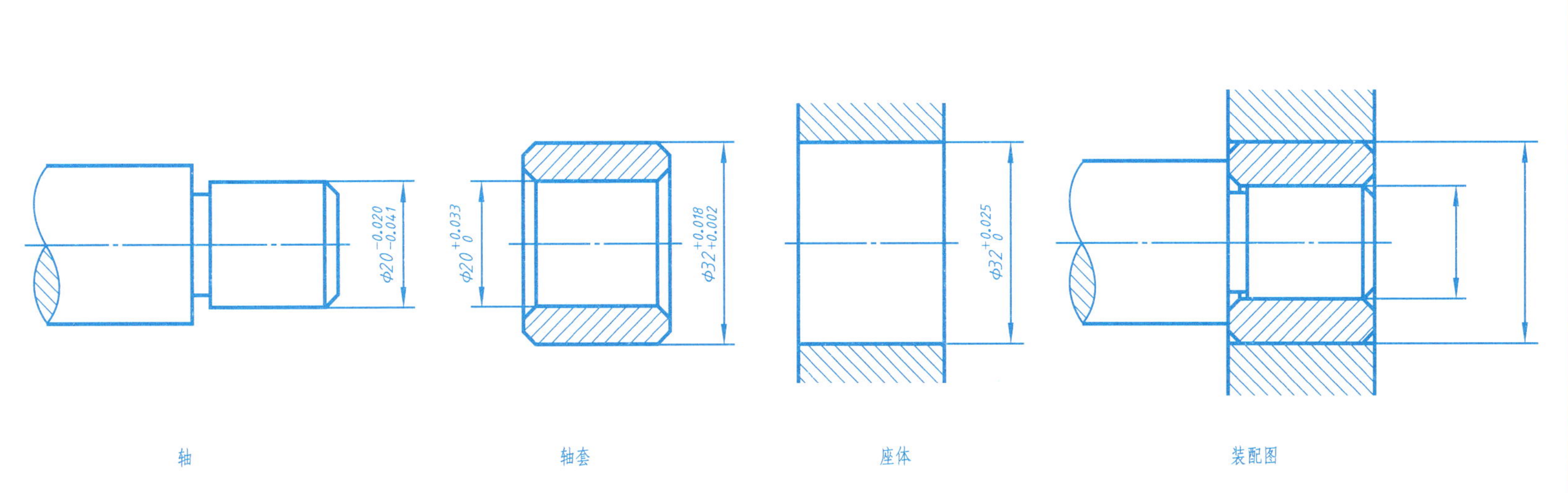

1. 轴与轴套的配合代号应写成：______，其配合代号的含义为：公称尺寸为______，公差等级为______级的基准____，与相同公称尺寸、基本偏差为____，公差等级为______级的____，所组成的______制______配合。

2. 轴套与座体的配合代号应写成：______，其配合代号的含义为：公称尺寸为______，公差等级为______级的基准____，与相同公称尺寸、基本偏差为____，公差等级为______级的____，所组成的______制______配合。

第七章　金属焊接图

7-1　完成下列题目

1. 回答下列问题。

（1）在金属焊接图样中，优先采用图示法还是焊缝符号表示法？________________________

（2）完整的“焊缝符号”包括哪几项内容？____

（3）焊缝的“基本符号”表示焊缝________的形式或特征。

（4）“补充符号”是必须要标出的吗？________________

（5）这些阿拉伯数字代表哪些焊接方法？111：__________、212：__________、311：__________、81：__________

（6）箭头线位于__________一侧，则将基本符号标在基准线的细实线上。

（7）________时，可以在焊缝符号中标注尺寸。

（8）“焊脚尺寸”和“焊角尺寸”哪一个对？__________

（9）坡口角度和坡口面角度是一回事吗？__________

（10）什么样焊缝称为“双面焊缝”？__________什么样焊缝称为“对称焊缝”？____________________

2. 写出下列符号的名称，并判断其类别（画√）。

符号	名　称	类　别	
		基本符号	补充符号
⊬			
○			
V			
◡			
‖			
⊏			
⊬			
⚑			
Y			
⊓M			
<			

　　班级　　姓名　　学号　　成绩

7-2 判断焊缝画法及标注正确与否

1. 下列表示焊缝的视图和剖视图中，哪一幅是正确的？

2. 在下列两组标注焊缝符号的图形中，哪一幅是正确的？

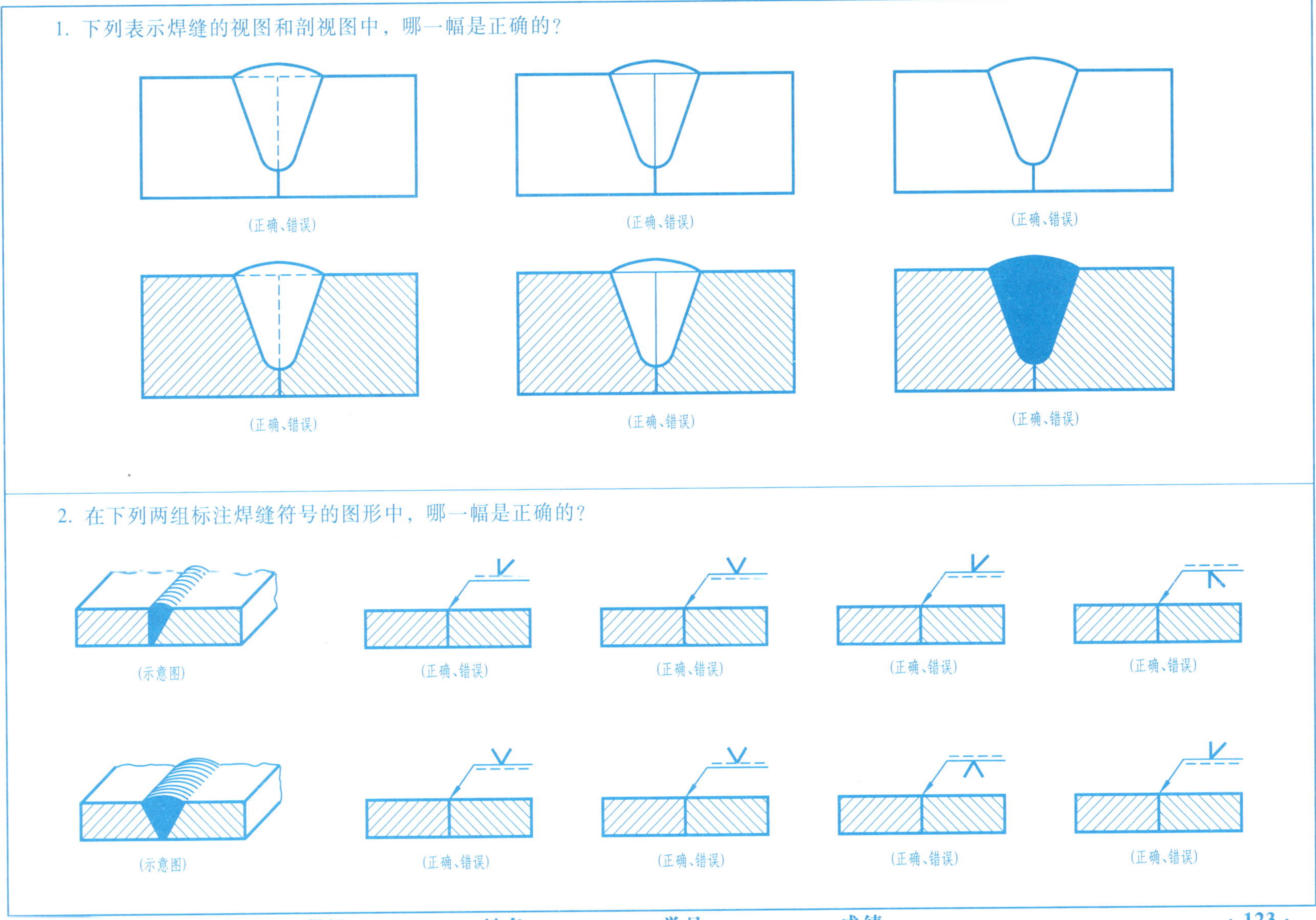

班级　　　　姓名　　　　学号　　　　成绩

7-3 判断焊缝符号标注正确与否

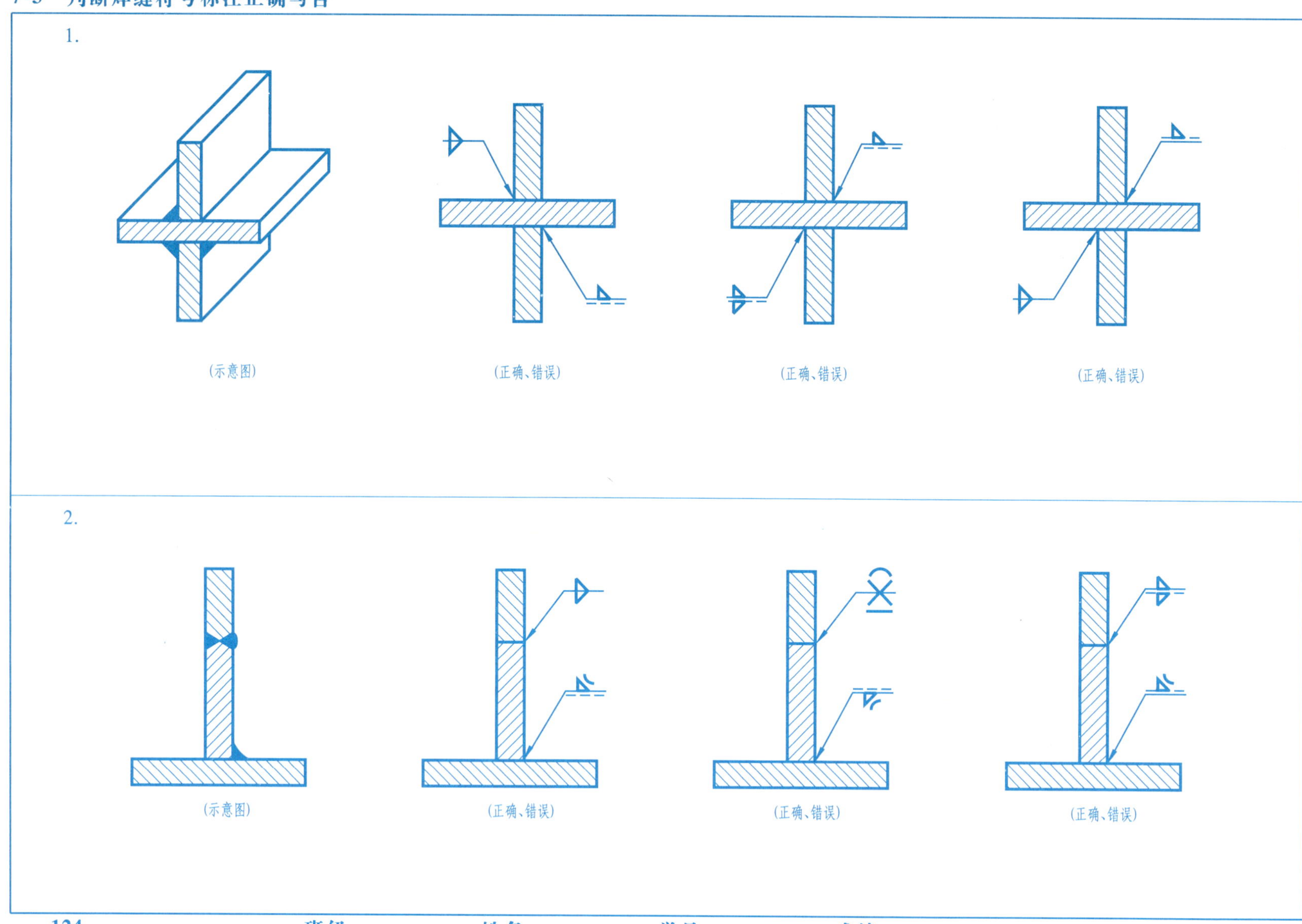

 班级 姓名 学号 成绩

7-4 焊缝画法及标注（一）

1. 标注焊缝符号。

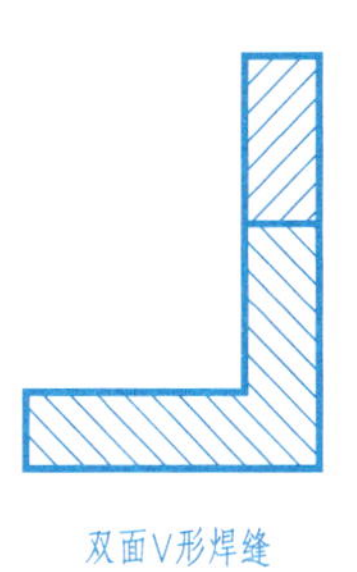

双面V形焊缝

单面带钝边V形焊缝
(坡口朝上)

2. 角钢两外侧（上方和右侧）与底板在现场用焊条电弧焊进行焊接，$K=3$mm。试标注焊缝符号。

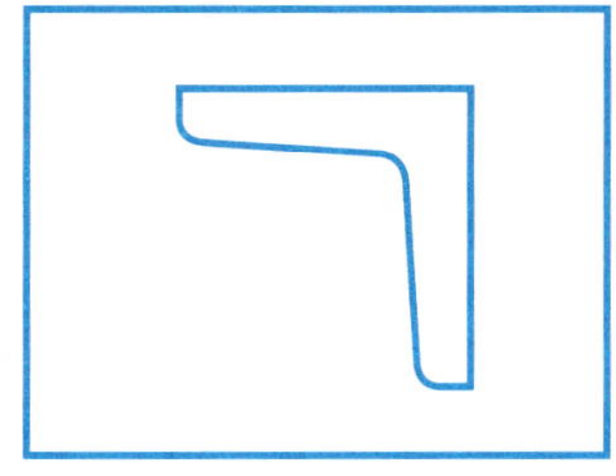

3. 圆管外侧周围与底板焊接，焊接方法为氧乙炔焊，$K=4$mm。试在右图中标注焊缝符号。

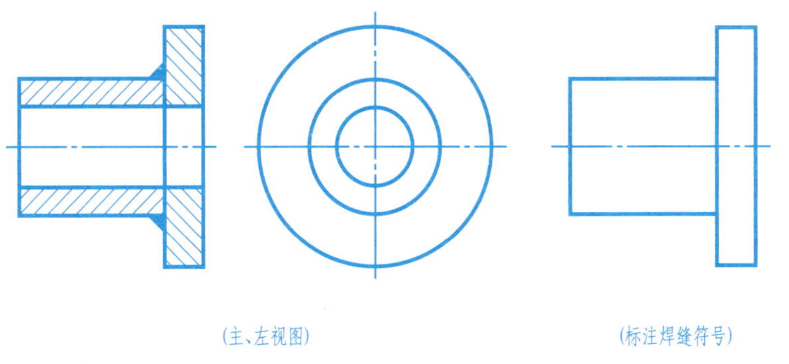

(主、左视图)　　(标注焊缝符号)

4. 左图所示焊缝为单面角焊缝，焊脚尺寸为4mm，其余尺寸如左图所示。试在右图中标注其焊缝符号。

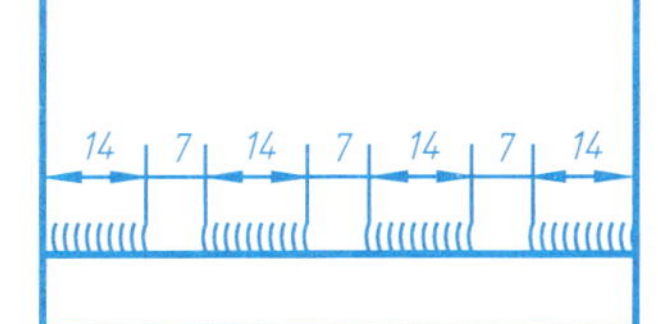

1. 根据左图中的焊缝符号，在右图中画出焊缝图形，并标注焊缝尺寸

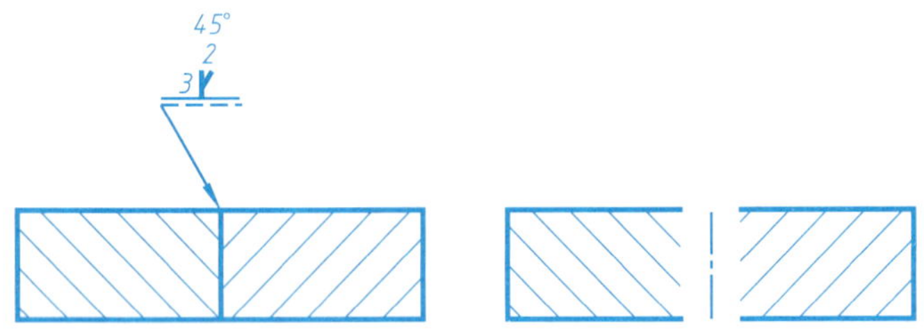

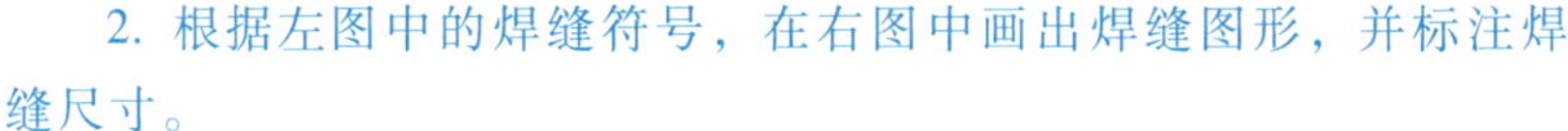

2. 根据左图中的焊缝符号，在右图中画出焊缝图形，并标注焊缝尺寸。

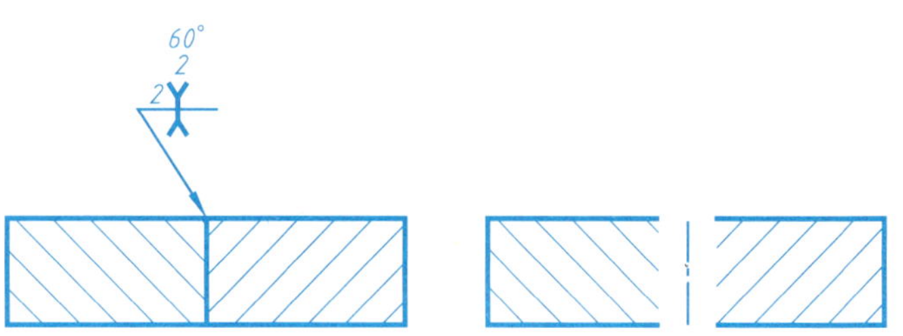

3. 将焊缝符号表达的内容，用图示法表示出来。

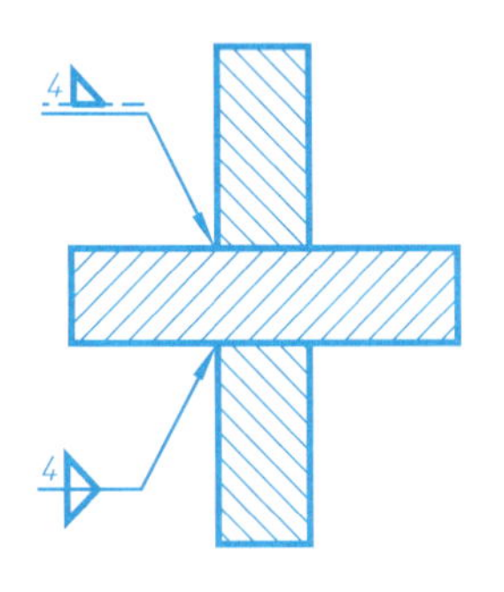

4. 说明焊缝符号的含义。

(1)

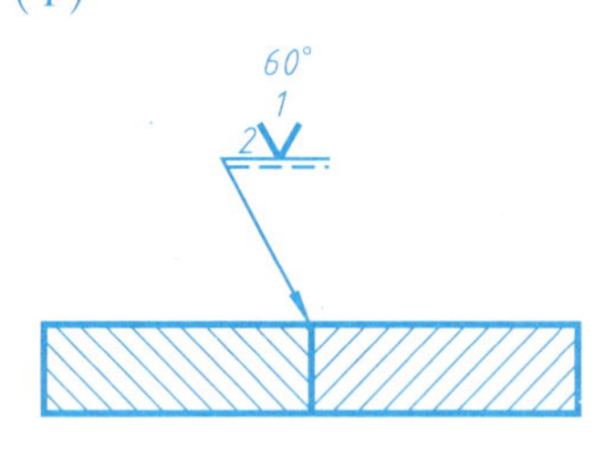

____侧____焊缝，钝边高度为____，根部间隙为____，__________为60°。

(2)

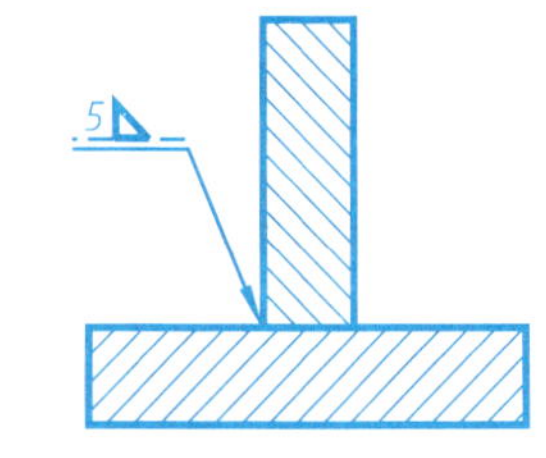

____侧____焊缝，焊脚尺寸为____。

第八章　焊接结构装配图的识读

8-1　完成下列题目

1. 回答下列问题。

（1）__________是将各种经过轧制的金属材料及铸、锻件等毛坯，采用焊接方法制成能承受一定载荷的金属结构。

（2）焊接结构的缺点主要有__________、对应力集中敏感和焊接接头上性能不均匀等。

（3）焊接结构种类繁多，现在通用的分类方法是根据其承载、工作条件和结构特征来分类，并将焊接结构分为板壳结构、桁架结构、__________、柱类结构和__________。

（4）相邻两零件的接触面和配合面，只画________轮廓线。当相邻两零件有关部分的基本尺寸不同时，即使间隙很小，也要画出________条线。

（5）同一零件在不同的视图中，剖面线的方向和间隔应__________，相邻两零件的剖面线，应有明显的________。

（6）焊接结构装配图与一般装配图的不同在于：图中必须清楚地表示与__________的问题，如坡口与接头形式、焊接方法、焊接材料型号和焊接及检验技术要求等。

2. 判断下列问题正确与否。

（1）焊接结构装配图一般由以下内容组成：一组图形、必要的尺寸、技术要求、零部件序号和明细栏以及标题栏等。（　　）

（2）焊接结构与铆钉、螺栓连接、铸造、锻造等结构相比，具有焊接接头强度高、密封性好，成品率高、结构的变更和改型快等优点。（　　）

（3）要求密闭的压力容器、锅炉、管道和桥式起重机的主梁都属于板壳结构。（　　）

（4）下列零（构）件序号的排列方法哪个是正确的。（　　）

A: ④ ⑤ ③ ⑦ ⑧ / ⑥ ⑨ / ② / ①

B: ⑧ ⑦ ⑥ ⑤ ④ / ⑨ ③ / ② / ①

C: ⑤ / ④ ⑥ ⑦ ③ / ⑧ ⑨ / ② / ①

（5）识读焊接结构装配图的一般步骤主要包括：概括了解、分析视图、看懂焊接结构的焊缝形式和尺寸、分析尺寸和了解技术要求等内容。（　　）

班级　　　　姓名　　　　学号　　　　成绩

8-2 读焊接装配图，回答下列问题

1. 读柴油机横梁焊接装配图（8-3），回答问题

（1）1 该柴油机横梁由______种构件焊接而成，分别是__________、腹板、__________、隔板和__________。

（2）该柴油机横梁装配图由______个基本视图组成，分别是__________和__________。

（3）柴油机横梁焊接装配图中细虚线表示的是构件__________的结构。

（4）由柴油机横梁的左视图可以看出，腹板的厚度为______mm，上盖板的宽度为______mm。

（5）由柴油机横梁主视图中的焊缝形式与尺寸可知：上盖板与中间上盖板的连接采用的是__________焊缝，焊脚尺寸为______；隔板的焊接采用的是焊脚尺寸为____的周围角焊缝，且______面带有焊缝；下盖板与腹板的焊接采用的是焊脚尺寸为______的周围______焊缝。

（6）在柴油机横梁焊接装配图中，长度方向的尺寸有__________和__________，尺寸基准是______________。

2. 读锅炉弯管接头焊接装配图（8-4），回答问题

（1）锅炉弯管接头主要由____种构件焊接而成，分别是______和________。所用材料分别为__________和__________。

（2）锅炉弯管接头焊接装配图中为了表达锅炉弯管的内外结构，采用了一个______视图和______局部剖视图。两处局部剖视图主要表达了管接与法兰、管接与虹吸管的连接形式。

（3）右侧粗实线表示虹吸管的轮廓。其中，管接与虹吸管之间的焊缝为周围角焊缝，焊脚尺寸为____mm。

（4）由锅炉弯管接头焊接装配图可以看出，长度方向的尺寸基准为管接轴线，定位尺寸为________mm；高度方向上的尺寸基准为法兰的上端面，定位尺寸为______mm。

（5）由锅炉弯管接头焊接装配图中的焊缝形式与尺寸可知：法兰的上端面与管接的连接采用的是周围焊缝，__________坡口，坡口角度为________，且焊缝上表面要求__________。

（6）根据锅炉弯管接头焊接装配图，试说明下列焊接符号的含义：____，

____________________________________。

　班级　姓名　学号　成绩

8-3 柴油机横梁焊接装配图

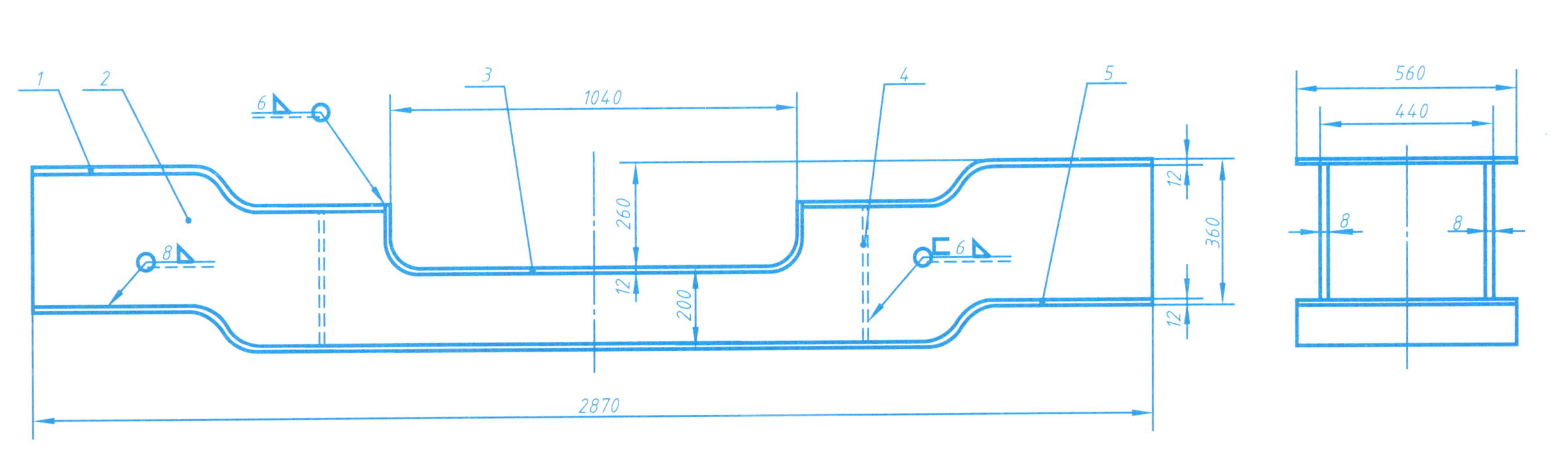

技术要求

焊后消除应力处理，并将焊缝磨平，涂防锈漆。

5		下盖板	1	16Mn	
4		隔板	2	16Mn	
3		中间上盖板	1	16Mn	
2		腹板	2	16Mn	
1		上盖板	2	16Mn	
序号	代号	名称	数量	材料	备注

				比例	材料
				1:10	
制图			柴油机横梁	数量	
设计				重量	
审核					

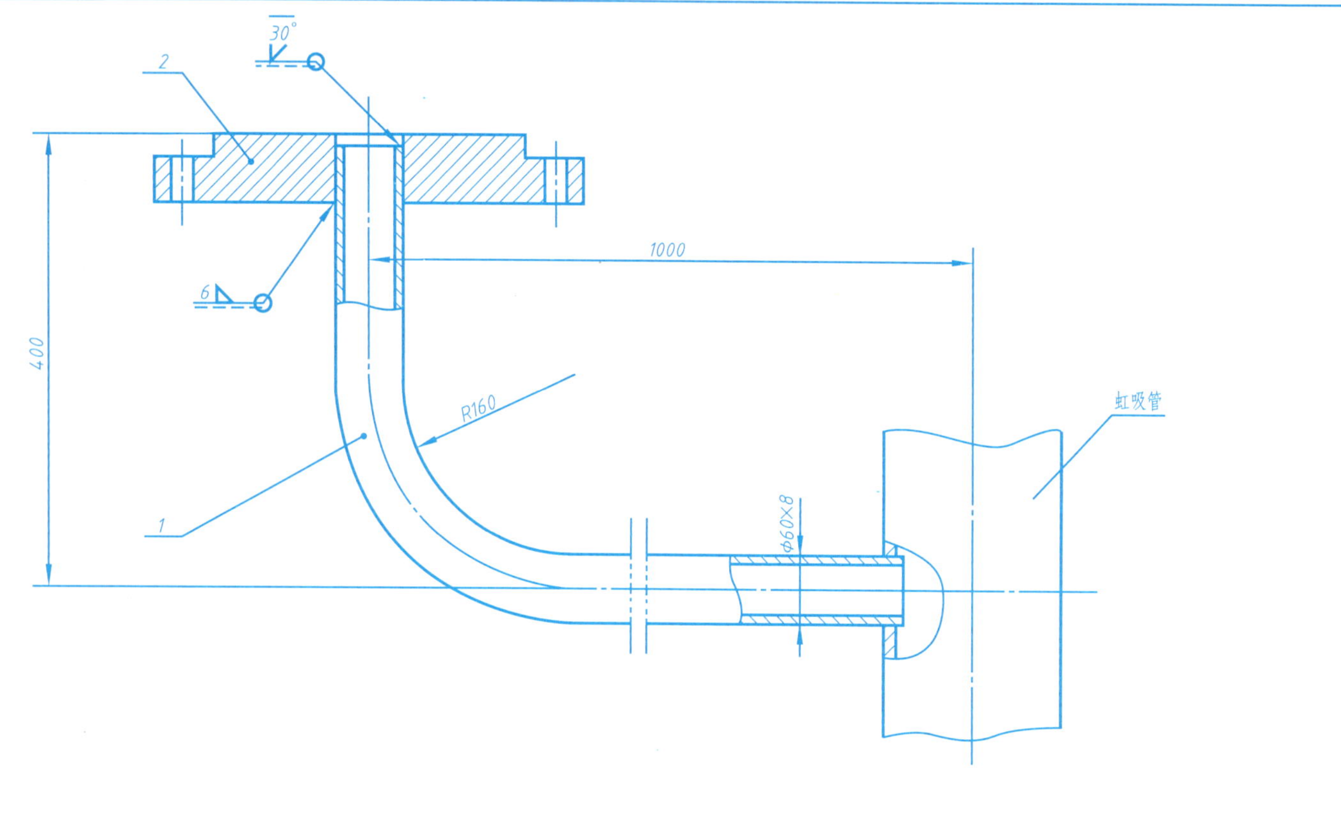

技术要求

1. 管接与法兰要互相垂直,两者之间的焊缝不能高出法兰的上端面。
2. 其余焊缝全部为角焊缝,焊脚尺寸为6mm。
3. 法兰的焊接按相应法兰标准中的规定。

2		法兰	1	Q235B	
1		管接 φ60×8	1	20	
序号	代号	名称	数量	材料	备注

	比例	材料
	1:1	

制图			锅炉弯管接头	数量	
设计				重量	
审核					

8-5　读锅炉后水冷壁下集箱焊接装配图（8-6），回答下列问题

1. 该锅炉后水冷壁下集箱主要由＿6＿种构件焊接而成，分别是＿＿＿＿＿＿、＿＿＿＿＿＿、管接 $\phi25\times3.5/\phi273$、＿＿＿＿＿、管接 $\phi108\times7/\phi273$ 和＿＿＿＿＿＿＿＿＿＿。绘图比例为＿＿＿＿＿＿。

2. 由锅炉后水冷壁下集箱焊接装配图的明细栏可知，集箱本体采用的材料是＿＿＿，而堵板采用的材料是＿＿＿＿。其中，管子 $\phi60\times5$ 一共有＿＿＿＿根。

3. 该锅炉后水冷壁下集箱焊接装配图主要由＿＿＿个基本视图组成，分别是＿＿＿＿＿＿＿、＿＿＿＿＿＿＿＿＿＿和＿＿＿＿＿＿＿＿。其中，*A—A* 局部剖视图主要表达了集箱本体与＿＿＿＿＿＿、＿＿＿＿＿＿＿＿和＿＿＿＿＿＿的连接情况。

4. 由锅炉后水冷壁下集箱主视图中的焊缝形式与尺寸可知：＿＿＿＿与集箱本体的焊接采用焊脚尺寸为＿＿的＿＿＿＿＿＿焊缝，且相同焊缝的条数为＿＿＿条。

5. 由锅炉后水冷壁下集箱 *A—A* 视图中的焊缝形式与尺寸可知：管子与集箱本体的焊接采用焊脚尺寸为 6 的周围角焊缝，且相同焊缝的条数为 64 条。试说明另外两处焊缝符号的含义。

9　6条

＿＿＿＿＿＿＿＿＿＿＿＿＿＿＿＿＿＿＿＿＿＿＿＿＿＿＿＿＿＿＿＿＿＿＿＿＿＿。

5　3条

＿＿＿＿＿＿＿＿＿＿＿＿＿＿＿＿＿＿＿＿＿＿＿＿＿＿＿＿＿＿＿＿＿＿＿＿＿＿。

6. 由技术要求可知，集箱工作压力为＿＿＿MPa，试验压力为＿＿＿MPa；且焊缝长度每面必须超过圆周的＿＿＿＿＿＿。

7. 由锅炉后水冷壁下集箱焊接装配图可知，集箱本体的外径为＿＿＿，集箱的壁厚为＿＿＿。

班级　　　　姓名　　　　学号　　　　成绩

8-6　锅炉后水冷壁下集箱焊接装配图

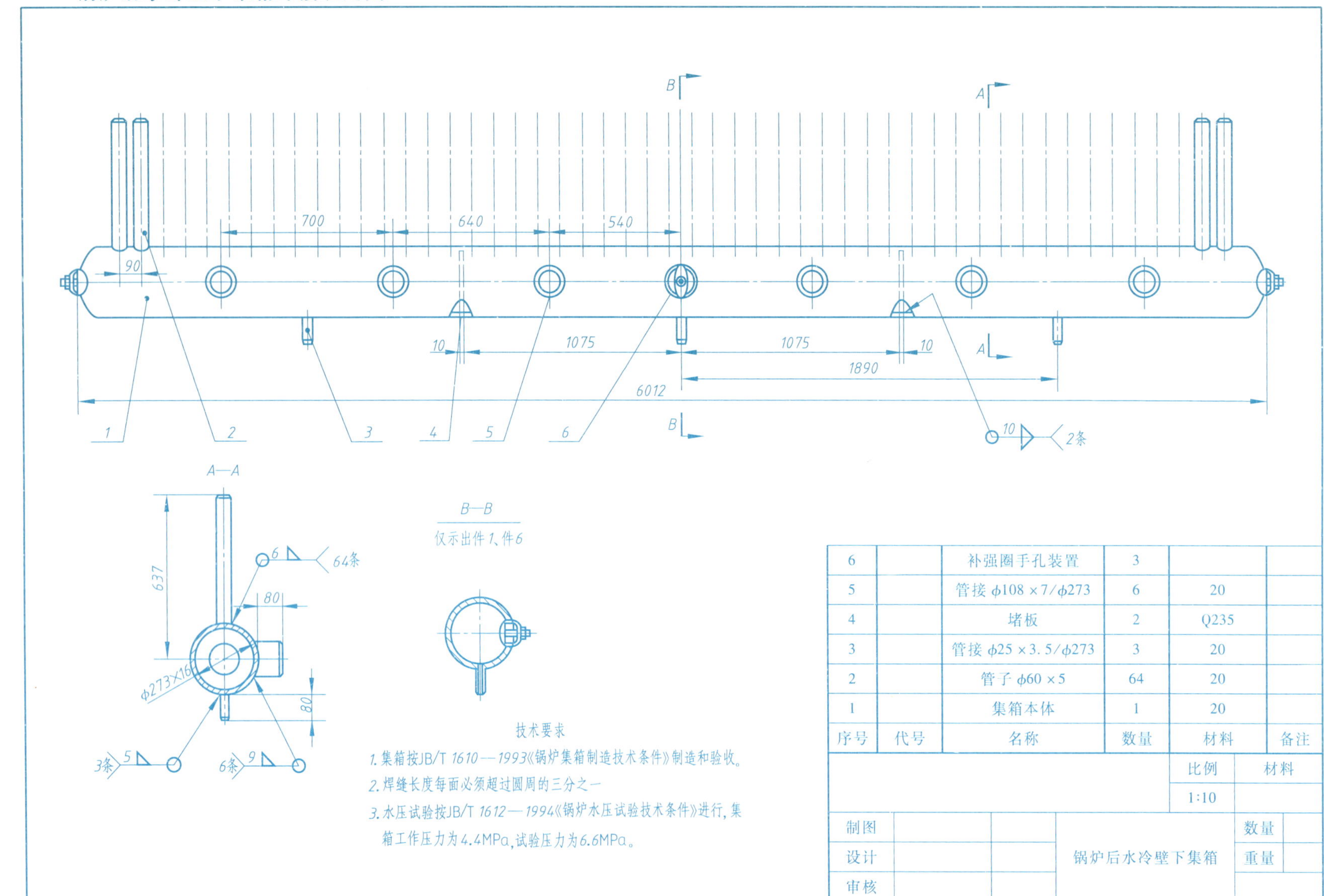

技术要求

1. 集箱按JB/T 1610—1993《锅炉集箱制造技术条件》制造和验收。
2. 焊缝长度每面必须超过圆周的三分之一
3. 水压试验按JB/T 1612—1994《锅炉水压试验技术条件》进行，集箱工作压力为4.4MPa，试验压力为6.6MPa。

序号	代号	名称	数量	材料	备注
6		补强圈手孔装置	3		
5		管接 $\phi108\times7/\phi273$	6	20	
4		堵板	2	Q235	
3		管接 $\phi25\times3.5/\phi273$	3	20	
2		管子 $\phi60\times5$	64	20	
1		集箱本体	1	20	

	比例	材料
	1:10	

制图			锅炉后水冷壁下集箱	数量	
设计				重量	
审核					

8-7 读缓冲器部件焊接装配图（8-8），回答下列问题

1. 该缓冲器部件主要由________种构件焊接而成，绘图比例为__________。其中，筒体的材料为__________，肋板的材料为__________。

2. 该缓冲器部件焊接装配图主要由____个基本视图组成，分别是__________和____________________。其中，A—A 局部剖视图主要表达了__________、__________、__________和__________的外部形状和相对尺寸。

3. 由缓冲器部件主视图中的焊缝形式与尺寸可知：筒体与封头焊接采用钝边高度为______，根部间隙为______的________焊缝，采用的焊接方法为__________和________________；补强圈12与筒体的焊接采用的是______焊缝，____________为6mm，相同焊缝的条数为____条，并采用________________焊接方法。

4. 由技术要求可知，角焊缝要求________________表面检测，所有焊缝要求__________。

缓冲器部件标题栏和明细栏

序号	代号	名称	数量	材料	备注
19		支板	1	Q235A	
18		底板	1	Q235A	
17		肋板 234×110 δ=8	2	Q235A	
16		加强板	1	Q235A	
15		管接	1	钢管20	
14		肋板	2	Q235A	
13		肋板	2	Q235A	
12		补强圈	1	16MnR	
11		封头	1	16MnR	
10		接头M20×1.5	1	20	
9		筒体	1	16MnR	
8		管接	1	钢管20	
7		封头	1	16MnR	
6		补强圈	1	16MnR	
5		肋板	4	Q235A	
4	GB/T 6170	螺母M30−8−Y	24	35	
3	GB/T 901	螺柱M30×170−Y	12	35	
2		垫圈	1	10	
1		法兰 64−200	3	20	

			比例	材料
			1:5	
制图		缓冲器部件	数量	
设计			重量	
审核				

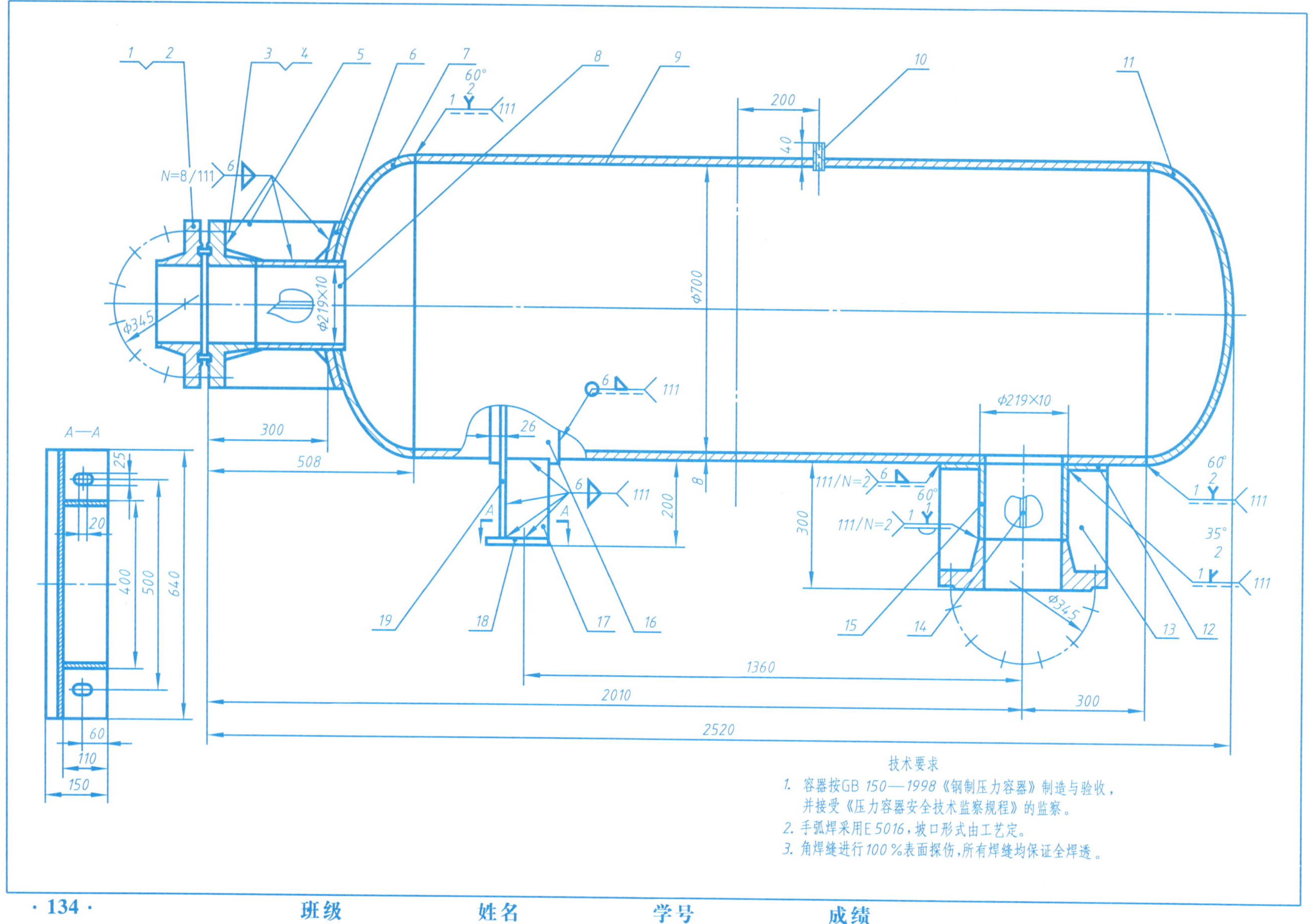

技术要求

1. 容器按GB 150—1998《钢制压力容器》制造与验收，并接受《压力容器安全技术监察规程》的监察。
2. 手弧焊采用E 5016，坡口形式由工艺定。
3. 角焊缝进行100%表面探伤，所有焊缝均保证全焊透。

班级　　姓名　　学号　　成绩

8-9 读吊车梁焊接装配图（8-10），回答下列问题

1. 该吊车梁由____________种构件焊接而成，分别是______________、______________、______________和______________。其中，构件“—610 × 100 × 10”的数量为________。

2. 该吊车梁装配图由____个基本视图组成，分别是______________、______________和______________。其中2—2剖视图主要表达了构件“H700 × 300 × 12 × 20”与构件“—610 × 100 × 10”的外形结构、连接形式及尺寸。

3. 由吊车梁主视图中的焊缝形式与尺寸可知：构件“H700 × 300 × 12 × 20”的连接采用钝边高度为__________________，__________ ____为2，坡口角度为________的______________双面对接焊缝。

4. 由吊车梁2—2剖视图中的焊缝形式与尺寸可知：构件“H700 × 300 × 12 × 20”与构件“—610 × 100 × 10”的焊接所采用的是焊脚尺寸为________的______________焊缝。

5. 由技术要求可知，吊车梁腹板与翼缘板焊接拼接应采用加引弧板的______________焊缝，引弧板割去处应打磨平整，焊缝质量等级为______________级。

6. 根据图中的焊接符号，画出其焊缝图形，并标注焊缝尺寸。

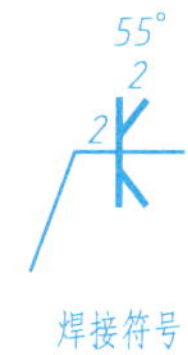

焊接符号

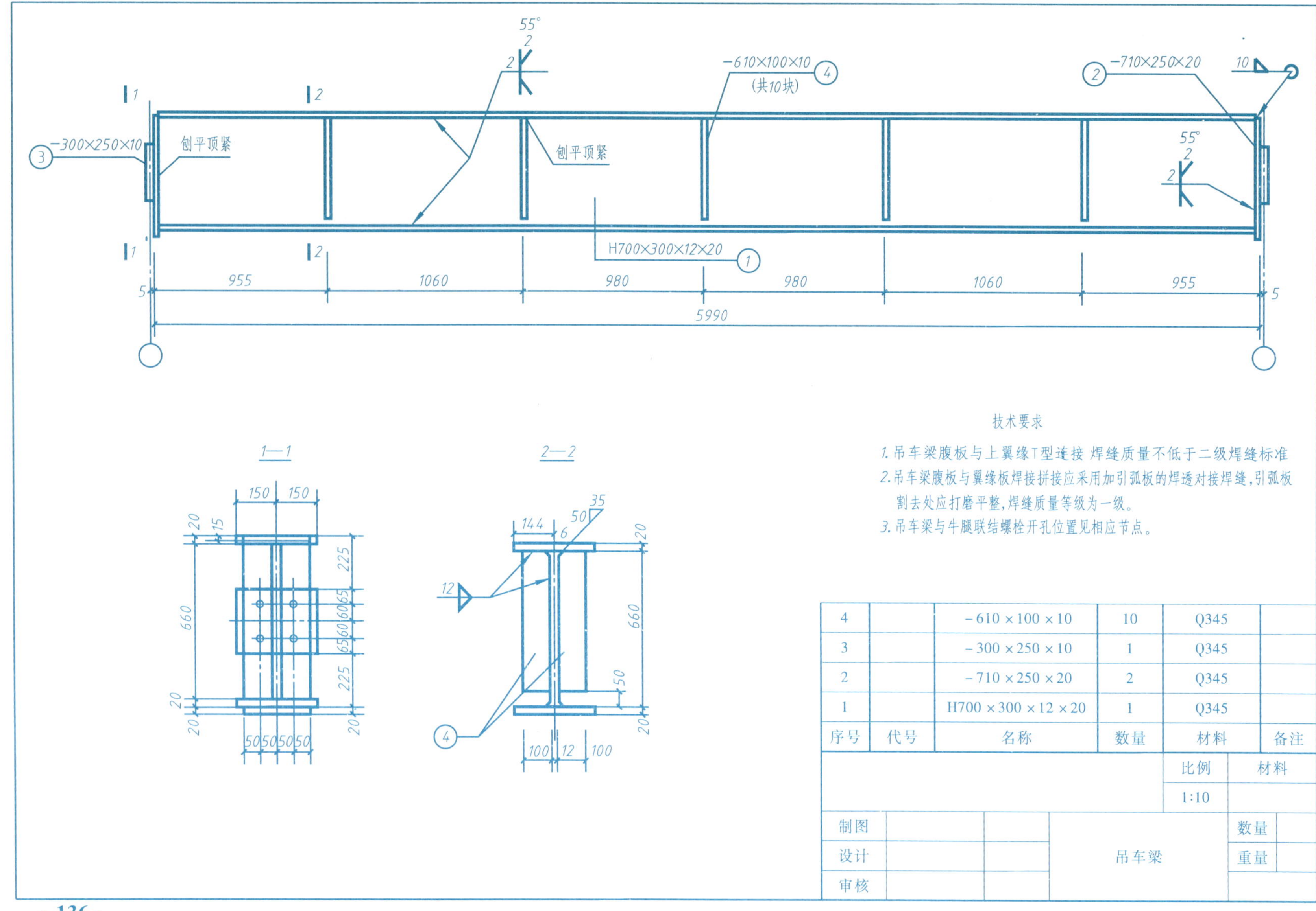

技术要求

1. 吊车梁腹板与上翼缘T型连接 焊缝质量不低于二级焊缝标准
2. 吊车梁腹板与翼缘板焊接拼接应采用加引弧板的焊透对接焊缝，引弧板割去处应打磨平整，焊缝质量等级为一级。
3. 吊车梁与牛腿联结螺栓开孔位置见相应节点。

4		−610×100×10	10	Q345	
3		−300×250×10	1	Q345	
2		−710×250×20	2	Q345	
1		H700×300×12×20	1	Q345	
序号	代号	名称	数量	材料	备注

			比例	材料
			1:10	
制图		吊车梁	数量	
设计			重量	
审核				

第九章　展　开　图

9-1　完成下列题目

1. 回答下列问题。

（1）试述画展开图的目的是________________________________

____________________。

（2）画展开图采用何种比例？______________________

（3）用直角三角形法求直线的实长时：如果直角三角形的一个直角边为水平投影，另一直角边为同一线段的_________坐标差；如果直角三角形的一个直角边为正面投影，另一直角边为同一线段的_________坐标差。

（4）当一点绕垂直于水平投影面（*H* 面）的轴旋转时，它的运动轨迹在水平投影面（*H* 面）上的投影为_______，而在正面（*V* 面）上的投影为平行于 *X* 轴的_______。

（5）当一点绕垂直于正面（*V* 面）的轴旋转时，它的运动轨迹在正面（*V* 面）上的投影为_______，而在水平投影面（*H* 面）上的投影为平行于 *X* 轴的_________。

（6）用三角形法画展开图的作图原理，其核心就是把立体表面划分成__________________。

2. 判断下列几何体表面是否可展。

六棱柱
(可展、不可展)

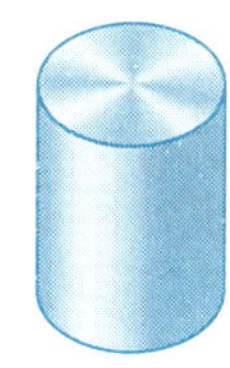

圆柱
(可展、不可展)

圆球
(可展、不可展)

圆锥
(可展、不可展)

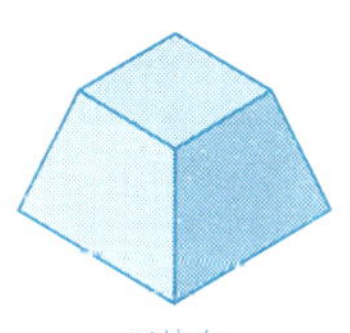

四棱台
(可展、不可展)

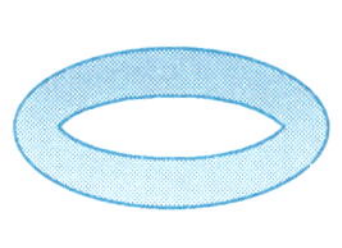

圆环
(可展、不可展)

9-2 用直角三角形法求实长

1. 在 H 面上求直线 AB 的实长。

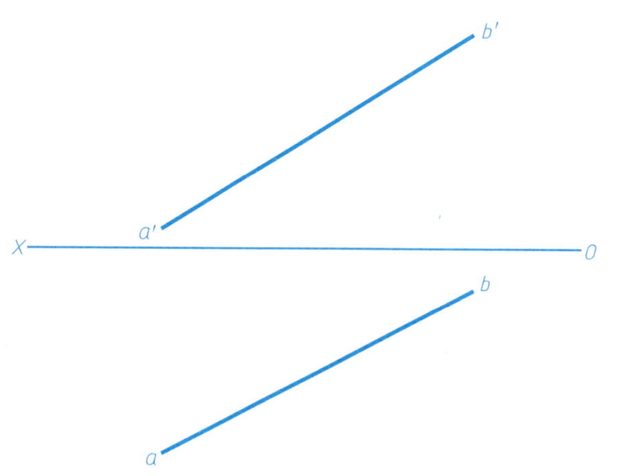

2. 在 V 面上求直线 AB 的实长。

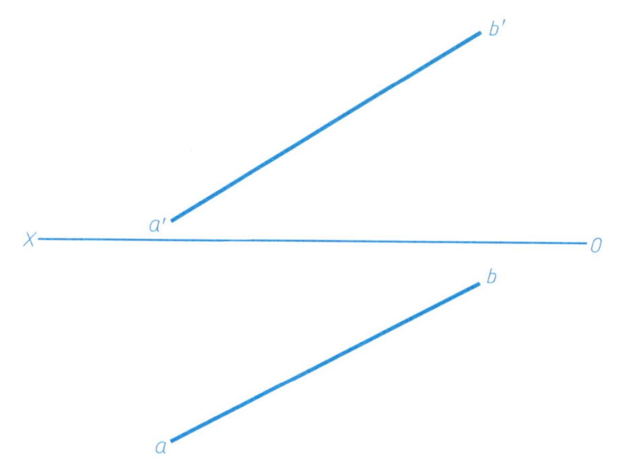

3. 已知 $AB=50$，求作 $a'b'$。

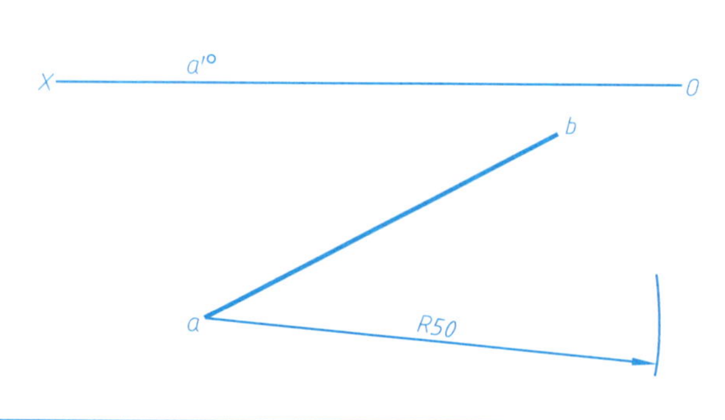

4. 已知 $AB=50$，求作 ab。

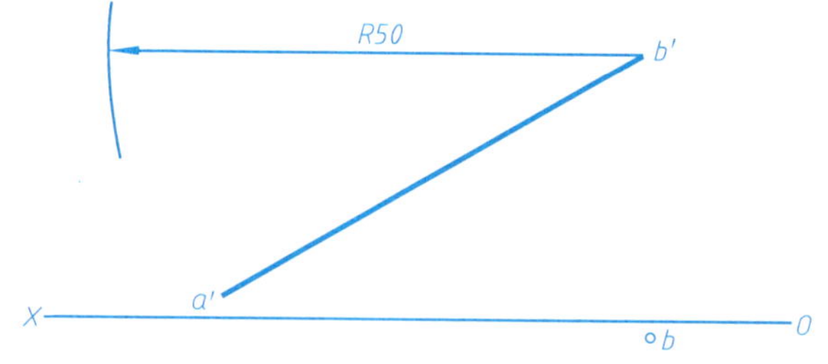

班级　　姓名　　学号　　成绩

9-3 用旋转法求实长或实形

1. 求直线 AB 的实长。

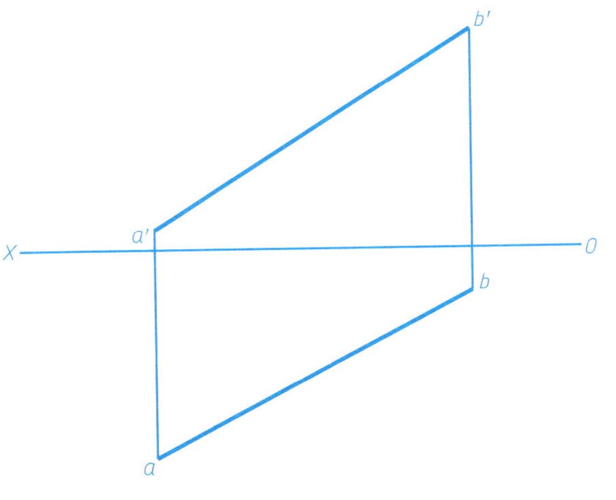

2. 已知 $AB=50$，求作 $a'b'$。

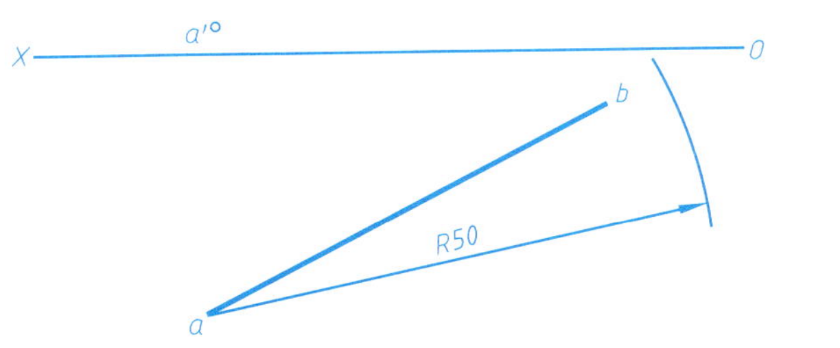

3. 求 $\triangle ABC$ 的实形。

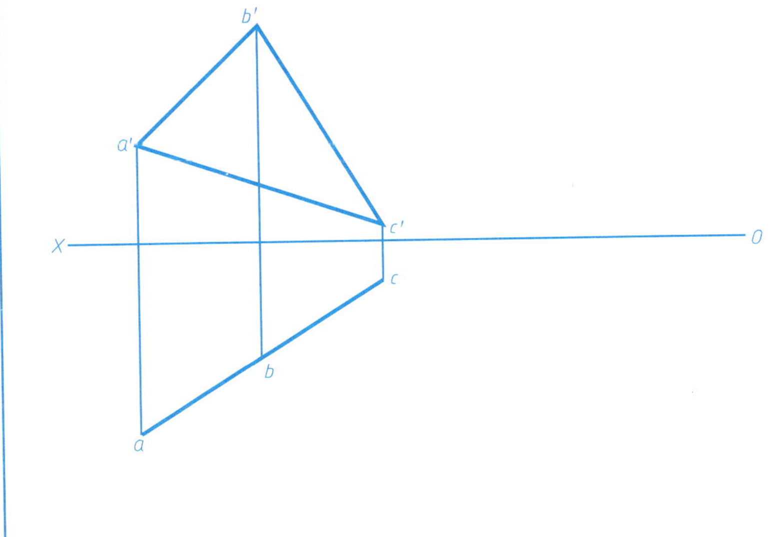

4. 求六棱柱被截切后截断面的实形。

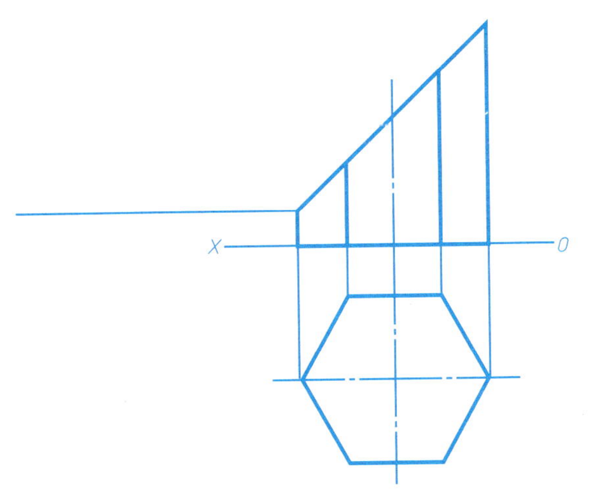

9-4 用旋转法求实长或实形（保留作图线）

1. 求圆柱被正垂面截切后截断面的实形。

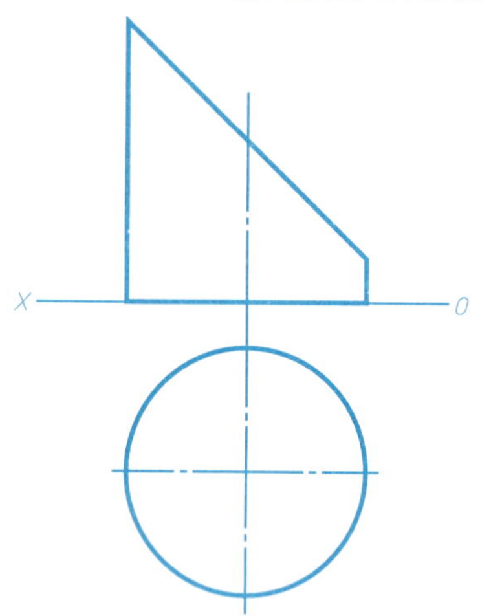

2. 求五角星的实形。

3. 求 *SA*、*SB* 两条直线的实长。

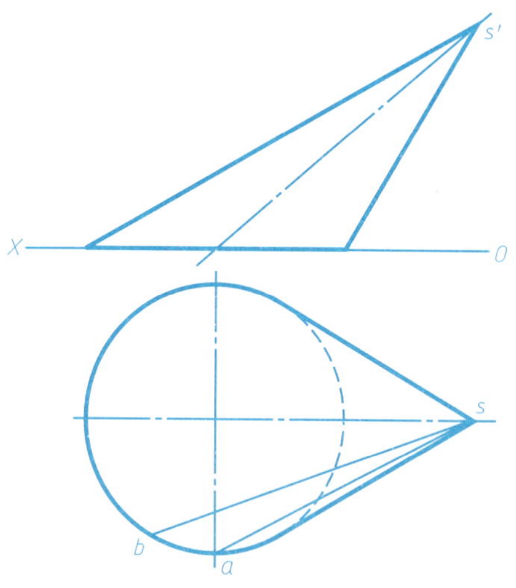

4. 求正四棱台（一个）侧面的实形。

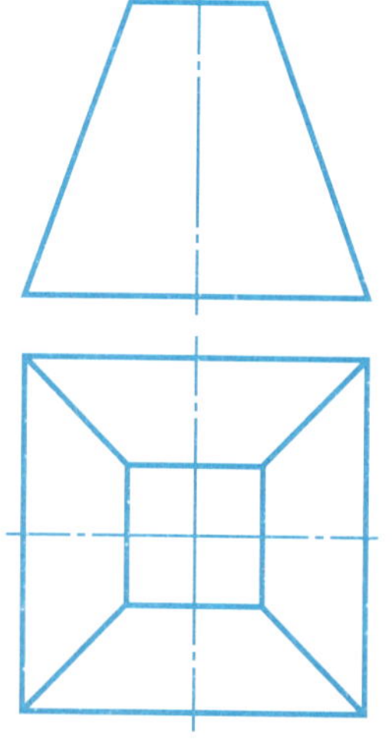

班级　　姓名　　学号　　成绩

9-5 求斜截六棱柱管的表面展开图

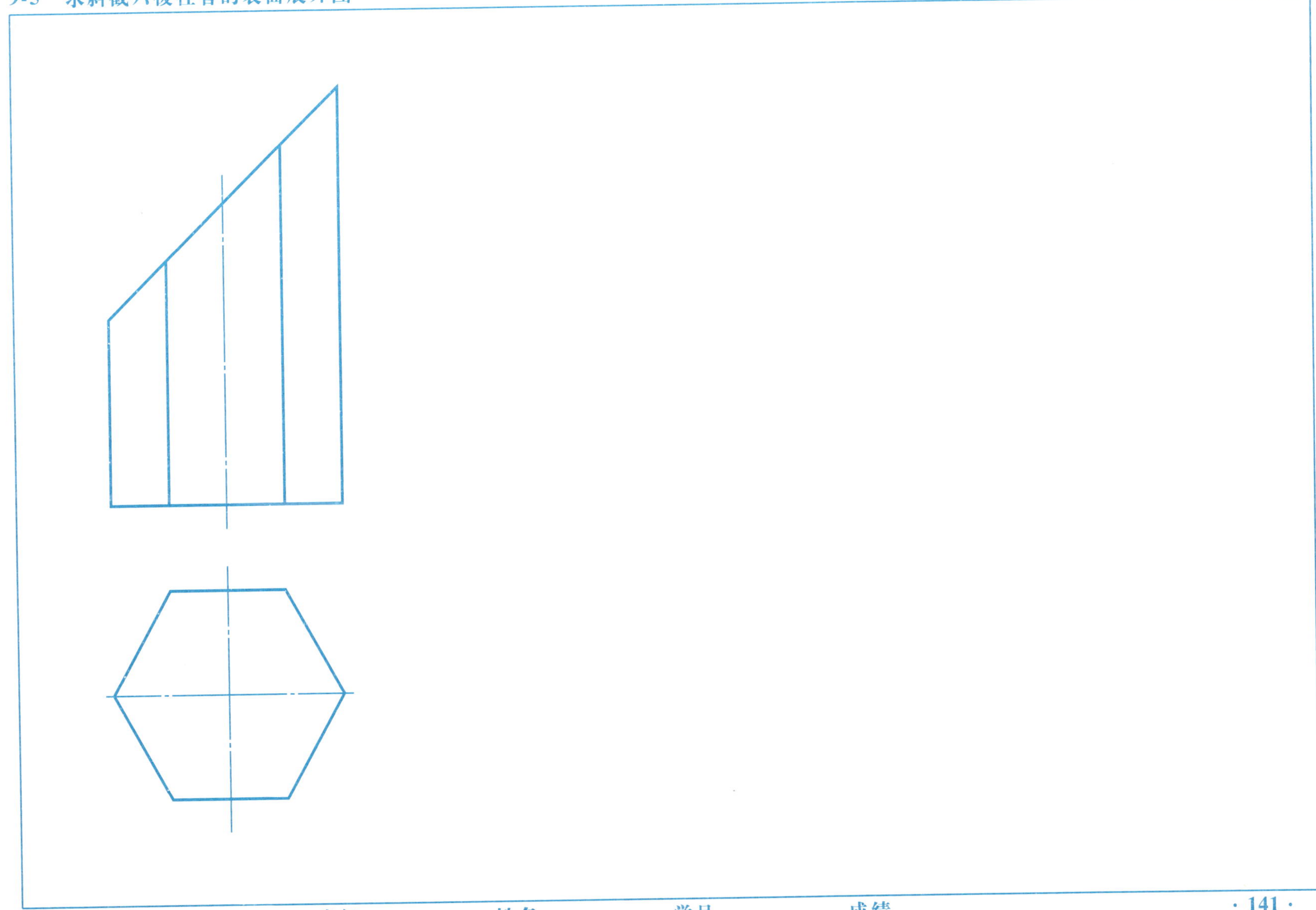

班级　　姓名　　学号　　成绩

9-6 求漏斗的表面展开图（保留作图线）

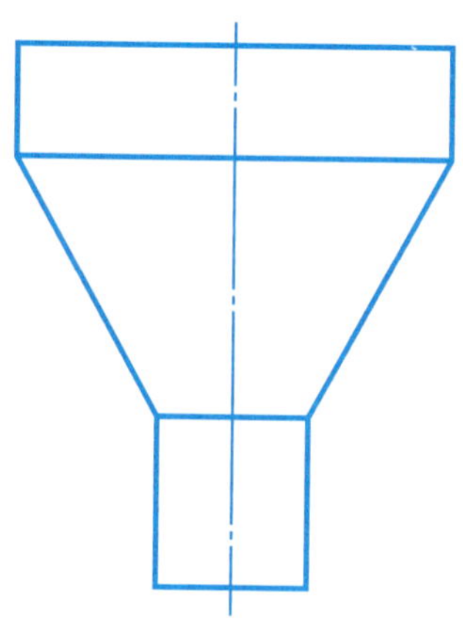

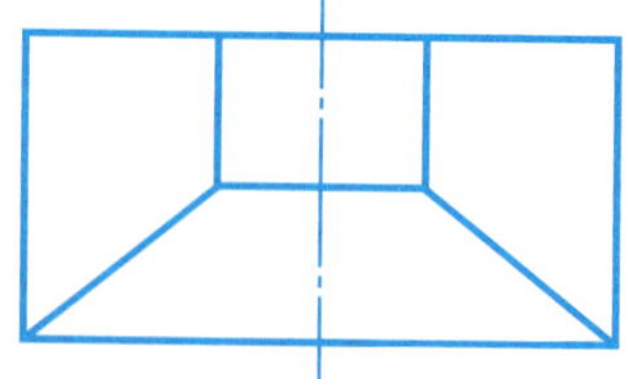

班级　　姓名　　学号　　成绩

9-7　求作天圆地方的表面展开图（保留作图线）

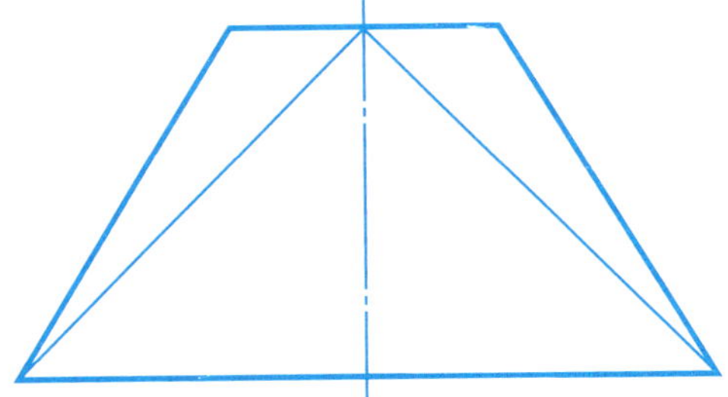

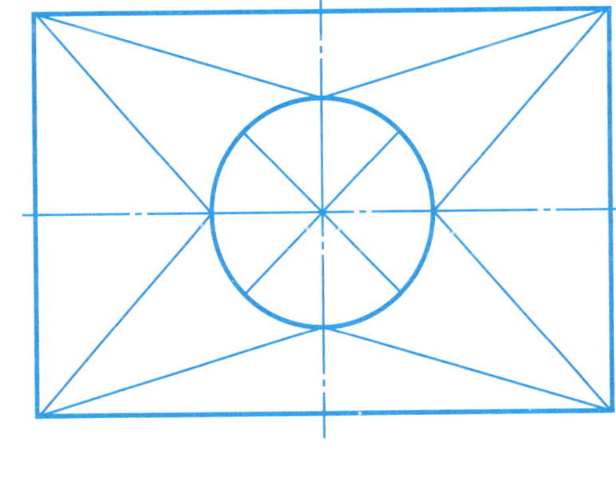

9-8 已知圆柱管与圆锥管相交，求其表面展开图（保留作图线）

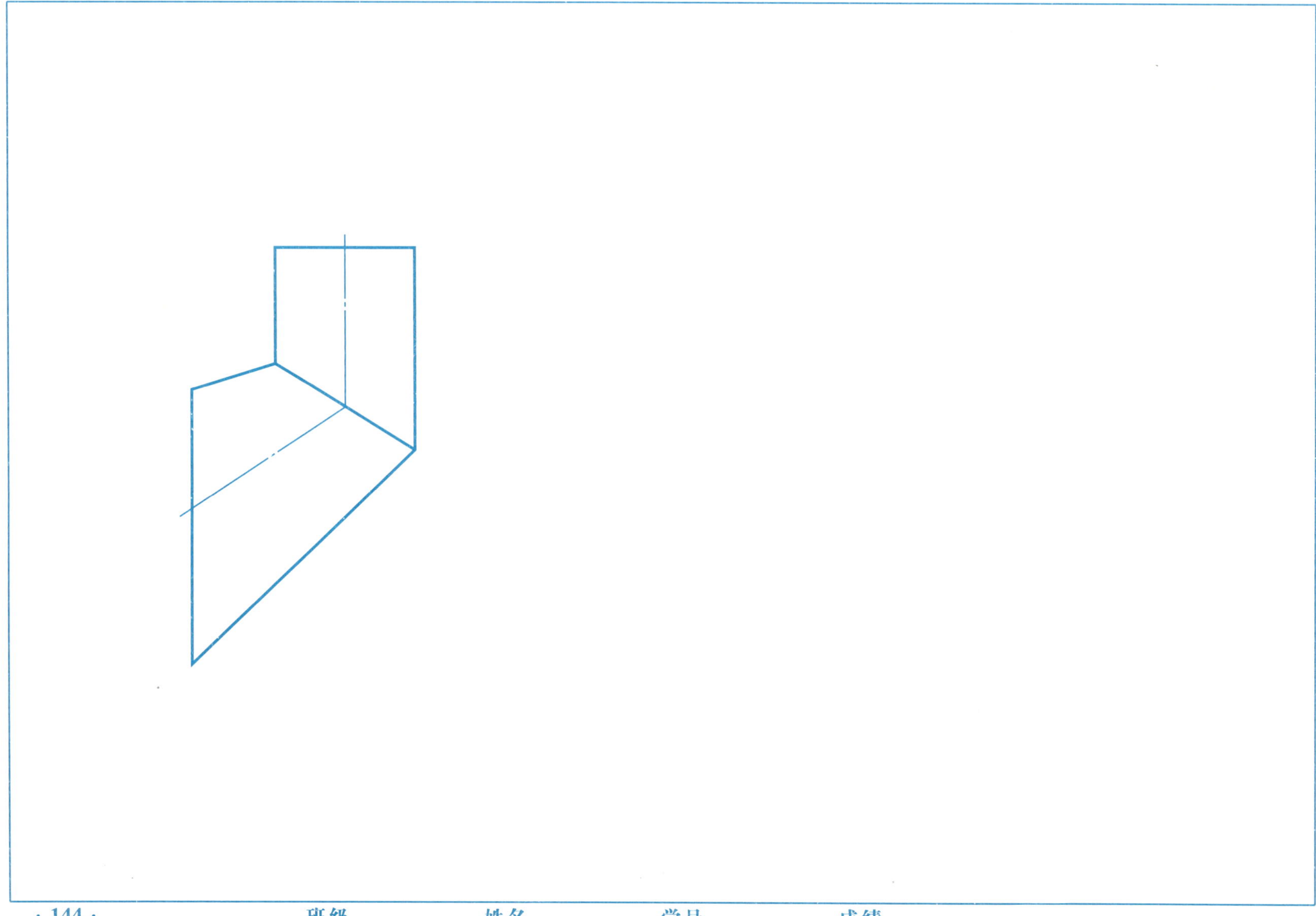

班级　　姓名　　学号　　成绩

9-9 用简便展开法作正螺旋面的展开图

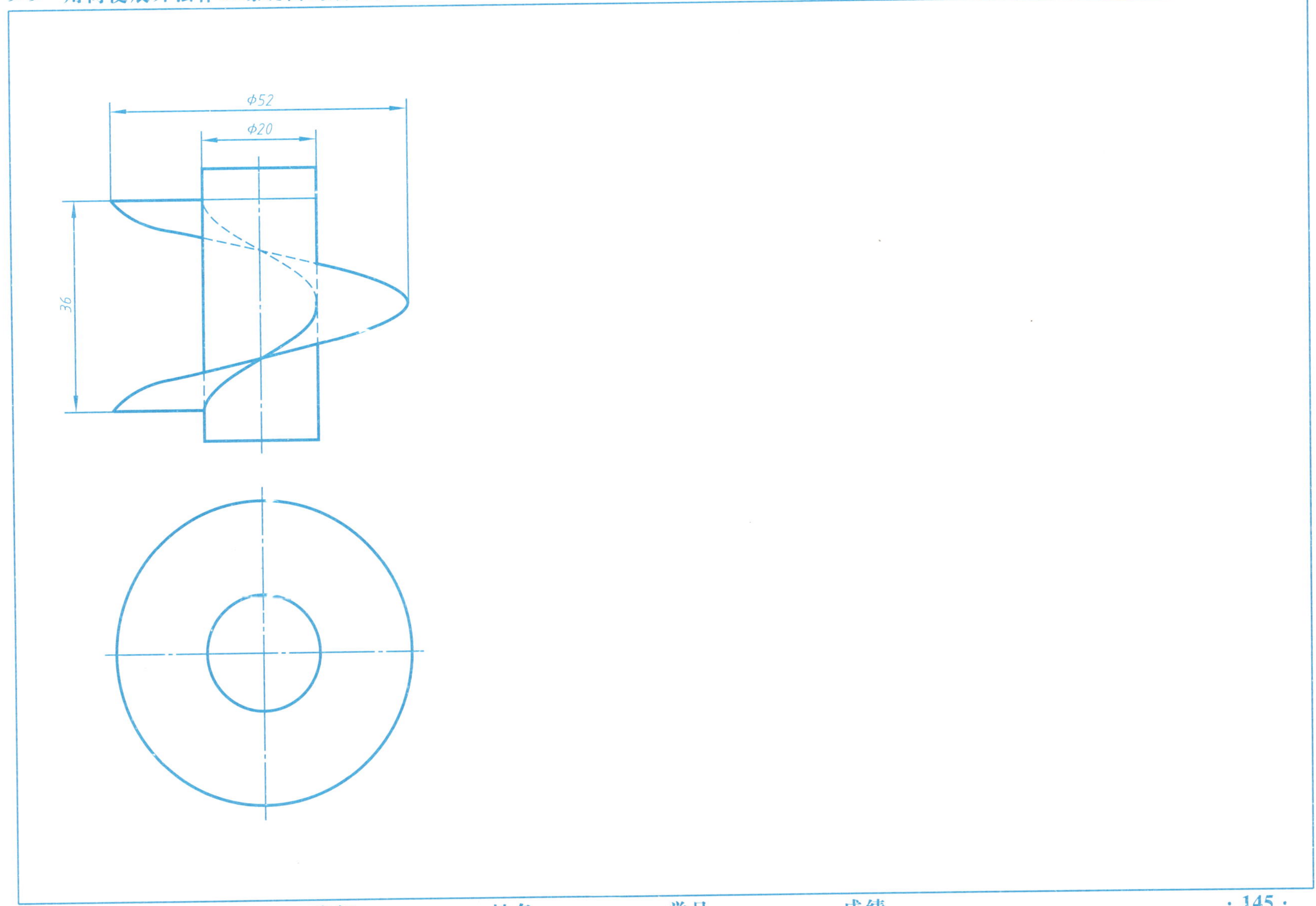

参考文献

[1] 成大先. 机械设计手册 [M]. 5版. 北京: 化学工业出版社, 2008.

[2] 梁德本, 叶玉驹. 机械制图手册 [M]. 3版. 北京: 机械工业出版社, 2002.

[3] 胡建生. 机械制图习题集 (多学时) [M]. 北京: 机械工业出版社, 2009.

[4] 胡建生. 工程制图习题集 [M]. 3版. 北京: 化学工业出版社, 2006.

[5] 钱可强. 机械制图习题集 [M]. 2版. 北京: 高等教育出版社, 2007.

[6] 李澄, 吴天生, 闻百桥. 机械制图习题集 [M]. 北京: 高等教育出版社, 1999.

[7] 胡建生. 机械制图习题集 [M]. 北京: 机械工业出版社, 2011.

[8] 王其昌, 翁民玲. 机械制图习题集 [M]. 2版. 北京: 人民邮电出版社, 2009.